Europäische Akademie für Umweltfragen
Giftstoffe weltweit
Einführung in die Ökotoxikologie

Giftstoffe weltweit
Einführung in die Ökotoxikologie

Dipl.-Biol. Hans-Jürgen Redmann, Pohlheim

Herausgegeben von der
Europäischen Akademie für Umweltfragen,
Tübingen

24 Abbildungen · 40 Tabellen

ÖKOLOGIE KOMPAKT BAND 2

S. Hirzel Verlag Stuttgart · Leipzig 1997

Europäische Akademie für Umweltfragen e. V.
European Academy for Environmental Affairs
Académie Européenne d'Ecologie
Derendinger Straße 41–45
D-72072 Tübingen

Die Deutsche Bibliothek – CIP-Einheitsaufnahme

Redmann, Hans-Jürgen:
Giftstoffe weltweit : Einführung in die Ökotoxikologie / Hans-Jürgen
Redmann. Hrsg. von der Europäischen Akademie für Umweltfragen,
Tübingen. – Stuttgart ; Leipzig : Hirzel, 1997
  (Ökologie kompakt ; Bd. 2)
  ISBN 3-7776-0773-8

© 1997 S. Hirzel Verlag,
Birkenwaldstraße 44, 70191 Stuttgart
Printed in Germany
Satz: Mitterweger Werksatz GmbH, 68723 Plankstadt
Druck: Röck, Weinsberg
Umschlaggestaltung: Neil McBeath, Kornwestheim

Vorwort

Die Massenmedien überschwemmen uns nahezu täglich mit einer Flut von alarmierenden Nachrichten über die vom Menschen verursachten Veränderungen unserer Umwelt. Dabei geht es in diesen Berichten nicht nur um die weithin sichtbaren Waldrodungen, um das unübersehbare Wachstum unserer Städte mit der Folge einer immer weiteren Ausdehnung unseres Straßennetzes, es geht auch um die unsichtbare Kontamination unserer Böden. Wir lesen von Lebensmittelvergiftungen und von einer zunehmenden Belastung der Seen und Flüsse wie auch der Atmosphäre mit Schadstoffen der verschiedensten Art. Auf der anderen Seite erfahren wir, daß unser Lebensmittelrecht Richt- und Grenzwerte festlegt. Wie werden diese begründet? Können die Industrienationen, können die Entwicklungsländer diese Auflagen erfüllen? Was geschieht, wenn sie diese nicht einhalten?

Vor wenigen Jahren noch überboten sich die Medien mit erschreckenden Berichten über ein angeblich durch Menschen verursachtes Waldsterben; heute ist es um diesen Umweltschaden stiller geworden. Heißt das, daß wir in diesem Falle die Bedeutung lokaler Schäden überschätzt haben? Dafür hören und lesen wir weit häufiger über die Verunreinigung unserer Ozeane und Küsten. Mehr und mehr finden wir die Strände durch Ölreste verschmutzt — ganz abgesehen von den vielen Abfällen unserer Zivilisation von Glas- und Kunststoff-Flaschen bis hin zu Blechdosen.

Es sind aber weit mehr noch die vielen unsichtbaren Verunreinigungen, die uns beunruhigen. Was geschieht im Boden unter unseren Füßen? Immerhin ist er die Nahrungsquelle unserer Kulturpflanzen, aus denen wir unsere Lebensmittel bereiten. Wie das Wasser unserer Bäche und Flüsse wird auch dieses Substrat immer stärker verunreinigt. Mit Pestiziden der verschiedensten Art haben wir eine unsichtbare Belastung verursacht, unter deren Zugriff nicht nur die Schädlinge unserer Land- und Forstwirtschaft als die eigentlichen „Zielgruppen" dezimiert wurden, sondern auch alle jene Tiere, denen diese uns unerwünschten Mitglieder unserer Ökosysteme als Nahrung dienen. Die Folge war der zu Recht beklagte „stumme Frühling". Neben diesen Schädlingsbekämpfungsmitteln synthetisiert die chemische Industrie eine von Jahr zu Jahr wachsende Zahl naturfremder Verbindungen, über deren Schicksal in der Biosphäre oft wenig bekannt ist. Ist es da nicht geboten, von den Herstellern Ökobilanzen und Produktlinien-Analysen zu fordern?

Schon seit Jahrzehnten wissen wir, daß viele Pflanzen, die uns direkt oder auf dem Umweg über das Weidevieh zur Nahrung dienen, manche Schadstoffe um Zehnerpotenzen anreichern können. Müssen wir da nicht befürchten, daß giftige Bestandteile von Klärschlämmen ihren Weg in „unser täglich Brot" finden?

Nicht nur Wasser und Boden sind heute weltweit kontaminiert. In den letzten Jahren hören und lesen wir zunehmend von einer uns angeblich drohenden Klimakatastrophe, die wir durch die zunehmende Nutzung von Kohle und Erdöl verursachen sollen. Internationale Konferenzen beschäftigen sich mit den unheilvollen Folgen der Luftverschmutzung mit den Verbrennungsprodukten dieser fossilen Energieträger, ohne die unsere heutige Zivilisation nicht mehr vorstellbar erscheint. Oft beraten von selbsternannten „Experten", beschließen Politiker einschneidende Maßnahmen, die sich in der Praxis als ebenso undurchführbar wie sinnlos erweisen.

Angesichts dieser widersprüchlichen, in vielen Fällen verantworungslos überzogenen Erklärungen müssen wir uns doch darüber Rechenschaft ablegen, in welchem Ausmaß der Mensch den Lebensraum Erde verändert hat und weiter verändern wird. Wir sollten dazu die Wirksamkeit all jener Maßnahmen kennenlernen, mit denen wir die menschen-gemachten Schäden wenn nicht beseitigen, so doch reduzieren können. Um dem interessierten Laien einen Einblick in die Methoden und die Zielsetzungen der Ökotoxikologie zu ermöglichen, hat die Europäische Akademie für Umweltfragen einen in dieser Disziplin ausgewiesenen Wissenschaftler dafür gewonnen, nicht nur die Gefährlichkeit der „Umweltchemikalien" aufzuzeigen, sondern auch die Verfahren vorzustellen, die eine sachliche Beurteilung der tatsächlichen Risiken ermöglichen. Dabei stehen Untersuchungen unter den kontrollierten Bedingungen des Laboratoriums und Beobachtungen am natürlichen Standort unserer Ökosysteme gleichrangig nebeneinander.

Inhaltsverzeichnis

1 Einleitung

Schon immer haben Menschen ihre natürliche Umwelt in mehr oder minder starkem Ausmaß beeinflußt. Spätestens seitdem sie ihr Dasein als Jäger und Sammler aufgaben und zu Ackerbauern und Viehzüchtern wurden, haben sie durch Waldrodung – um Flächen für Ackerbau und Viehzucht zu schaffen – das Antlitz der Erde und damit die Ökosysteme verändert. Mit dem Bevölkerungswachstum und vor allem im Zuge der industriellen Revolution hat der Zugriff des Menschen auf die Ressourcen unseres Planeten sowie die Nutzung der belebten Umwelt Ausmaße erreicht, die heute zu unabsehbaren negativen Auswirkungen auf die belebte Umwelt und somit auch auf unser Leben führen. Als Beispiele seien der Treibhauseffekt, die Ausdünnung der Ozonschicht, das Waldsterben, aber auch problematische Rückstände von Pestiziden und Schwermetallen in der Umwelt, in unserer Nahrung und in unserem Körper genannt [12].

Der Einfluß des Menschen auf seine natürliche Umwelt hat sich jedoch nicht nur in quantitativer, sondern auch in qualitativer Hinsicht geändert. Mit der Entwicklung der organischen Chemie wurden synthetische Verbindungen freigesetzt, die in der Natur bis dato nicht vorkamen (Kunststoffe, Pestizide, Tenside u. a.). Produktion und Einsatz dieser Stoffe haben einerseits zu dem in der Menschheitsgeschichte beispiellosen materiellen Wohlstand in den Industriestaaten beigetragen, andererseits verursachen sie Probleme, weil sie die stoffliche Zusammensetzung unserer Umwelt verändern und damit zu Störungen der Funktionsabläufe in Ökosystemen führen können.

Ohne Zweifel hat der Umweltschutz der vergangenen 20 Jahre schon bedeutende Erfolge erzielt: In den Flüssen schwimmen wieder Fische, der Müll liegt nicht mehr weit verstreut in der Landschaft, die Luft ist wieder klar, und aus den Kaminen quillt kein Rauch mehr. Es ist durchaus verständlich, daß zunächst die sichtbaren oder erlebbaren Belastungen unserer Umwelt als Problem erkannt und bekämpft wurden. Was aber ist mit den Bereichen, in denen die sinnliche Wahrnehmung des Menschen versagt? Dazu zählen:

- die schwermetallbelasteten Böden,
- die unsichtbaren und geruchlosen Lösungsmitteldämpfe in der Atmosphäre,
- die Pestizide (auch die, die seit 20 Jahren in Deutschland verboten sind), die sich in der Muttermilch aller (!) Frauen befinden, sowie

– die Asbestfasern, die – zu klein für unser Auge und zu groß für das menschliche Immunsystem – erst nach 20 Jahren zu Krebs führen können.

Für diese Gefahren fehlen uns die Sinne – und entsprechend langsamer kommt es zu Verbesserungen. So stellen Schwermetalle durchaus kein neues Umweltproblem dar (seit den 70er Jahren sind alle Probleme bekannt), aber eine wirkungsvolle Vermeidungspolitik existiert bis heute nicht.

Zu Beginn des Bandes werden die Methoden beschrieben, mit denen Erkenntnisse über das Verhalten und die Wirkung von Chemikalien in Mensch und Umwelt gewonnen werden; sodann wird dargestellt, wie die Ergebnisse gewonnen werden und wie die Versuche zu interpretieren sind (Abschnitt 2).

Den Verfahren der Bioindikation wird dabei ein eigener Abschnitt gewidmet, da diese in der Regel nicht zur Bewertung der Umweltgefährlichkeit einzelner Substanzen eingesetzt werden, sondern den Zustand der Umwelt(kompartimente) überwachen sollen (Abschnitt 3). Grenz- und Richtwerte sind ein Instrument der Umweltpolitik: Die Grundlagen ihres Nachweises sowie eine Zusammenstellung und Kurzcharakteristik der wichtigsten Grenz- und Richtwerte sind im Abschnitt 4 zusammengestellt.

1.1 Ökotoxikologie und Umweltchemikalien – einige Definitionen

Die Ökotoxikologie ist eine neue Fachdisziplin, die sich erst in den letzten zehn Jahren entwickelt hat [21, 24]. Anlaß dafür waren Probleme im Umweltschutz, die durch die klassischen Fachdisziplinen nicht mehr gelöst werden konnten. Es wurde notwendig, das Wissen und die Methoden der Medizin, Biologie, Physik, Chemie, Rechts- und Ingenieurwissenschaften gemeinsam zur Lösung der Probleme einzusetzen.

Insbesondere die Forderung nach justitiablen Aussagen über das Maß der Umweltverschmutzung führte dazu, daß die Wissenschaftler ihre Rolle als (unverbindliche) Mahner verließen und zu Entscheidungsträgern im Umweltbereich wurden. Da die bisherigen Methoden – außer vielleicht im medizinischen Bereich, in dem es um Menschenleben geht – den juristischen Anforderungen nicht gerecht wurden, mußte weitgehend Neuland betreten werden; die Entwicklungen sind noch lange nicht abgeschlossen.

Ökotoxikologie im eigentlichen wissenschaftlichen Sinn beschäftigt sich nur mit den Schadwirkungen von Substanzen auf Ökosysteme, wobei der Mensch in diesen Systemen nur ein Teil unter vielen ist. Die Produktion und Anwendung chemischer Substanzen als Ursache der ökotoxikologischen Wirkungen und auch die Giftwirkungen auf den Menschen (Toxikologie) sind nach dieser strengen Definition nicht Gegenstand ökotoxikologischer Untersuchungen. Im Rahmen dieses Buches ist es jedoch notwendig, alle für die Ausbreitung und Schadwirkung relevanten Parameter zu betrachten.

Leider gibt es keine allgemein üblichen Definitionen für die zahlreichen Begriffe im Bereich der Ökotoxikologie. Besonders wichtig sind die folgenden, immer wieder verwendeten Begriffe:

„Umweltchemikalien … im weiteren Sinne (sind) alle Stoffe, die durch menschliche Tätigkeit – beabsichtigt oder unbeabsichtigt – in die Umwelt gelangen oder als Folge menschlicher Tätigkeit in der Umwelt entstehen oder in deutlich höherer Konzentration als natürlicherweise auftreten (z. B. Schwermetalle). … Im engeren Sinne und in der Praxis werden insbesondere jene Stoffgruppen zu den Umweltchemikalien gezählt, die zugleich „körperfremd" sind (sog. Fremdstoffe oder Xenobiotika) und/oder die Gesundheit der Organismen, namentlich des Menschen, irgendwie gefährden" [33].

Xenobiotika werden oft mit den Umweltchemikalien gleichgesetzt, im engeren Sinn werden damit aber solche Substanzen bezeichnet, die Fremdstoffe in der Biosphäre darstellen. Xenobi-

otika haben in der Natur normalerweise nicht vorkommende Strukturmerkmale, entstehen nicht durch natürliche biologische Synthese und kommen normalerweise nicht in der Natur vor. Sie sind nicht zwangsläufig giftig oder schädlich.

Umweltschadstoffe sind einerseits die Umweltchemikalien, andererseits die Schadstoffe, die natürlicherweise in der Umwelt vorhanden sind.

Die anthropogenen Verbindungen werden oft mit den Xenobiotika gleichgesetzt; man kann darunter aber auch alle durch den Menschen produzierten – nicht nur die von ihm neu synthetisierten – Stoffe verstehen. Dann wären es die Umweltchemikalien und auch die unschädlichen Stoffe, die der Mensch freisetzt.

Der Begriff Schadstoff scheint auf den ersten Blick der eindeutigste zu sein. Trotzdem wurde er mit sehr unterschiedlichen Definitionen bedacht: Demnach ist er „ein Stoff, der aus der anthropogenen Tätigkeit heraus entstanden ist, in die Umwelt gelangt und Ökosysteme oder Teile davon … in meßbarem Umfang schädigt, indem er als Gift wirkt" [33]. Es ist also „kein Stoff von seinem Ursprung her ein Schadstoff; es kommt vielmehr darauf an, ob, wie und wo er eine toxische Wirkung entfalten kann" [16]. Nach dieser Definition ist eine Chemikalie nur dann ein Schadstoff, wenn sie in die Umwelt in einer Menge gelangt, die Schaden verursacht. Erreicht eine sehr giftige – bereits in sehr geringen Mengen tödliche – Substanz nicht die Umwelt, so handelt es sich nach diesen Definitionen auch nicht um einen Schadstoff, sondern allenfalls um einen potentiellen Schadstoff.

Der Begriff „umweltgefährlicher Stoff" (oder auch „umweltgefährliche Zubereitung") ist im Gesetz zum Schutz vor gefährlichen Stoffen festgeschrieben: „Umweltgefährlich sind Stoffe oder Zubereitungen, die selbst oder deren Umwandlungsprodukte geeignet sind, die Beschaffenheit des Naturhaushalts, von Wasser, Boden oder Luft, Klima, Tieren, Pflanzen oder Mikroorganismen derart zu verändern, daß dadurch sofort oder später Gefahren für die Umwelt herbeigeführt werden können" [Chemikaliengesetz vom 14. 3. 1990, BGBl I S. 522: § 3a, Absatz 2].

Soll eine Prognose über die Umweltgefährlichkeit einer Substanz erstellt werden, so sind die Exposition (= Eignung zur Umweltpräsenz) und die Wirkung (= Eignung zur Umweltschädigung) zu untersuchen (s. Tab. 1).

1.2 Konzepte zur Ermittlung der Wechselwirkungen zwischen Chemikalie und Umwelt

Bei der experimentellen Untersuchung des Verhaltens einer Chemikalie in der Umwelt und der Reaktion der Umwelt auf die Chemikalie sind

prinzipiell drei unterschiedliche Konzepte denkbar:

a) Experimentelle Erforschung einzelner Mechanismen, Reaktionen und Beeinflussungen: In kleinen überschaubaren Versuchsansätzen werden einzelne Zusammenhänge ermittelt. Der größte Teil der im Abschnitt 2 beschriebenen Parameter wird nach diesem Konzept untersucht. Vorteile: Geringe Kosten, schnelle Verfügbarkeit der Ergebnisse, gute Reproduzierbarkeit (d. h. parallele Untersuchungen von anderen Experimentatoren kommen zu denselben Ergebnissen). Nachteil: Nur wenige Organismenarten werden berücksichtigt, geringe Aussagekraft dieser Laborexperimente für die Realität.

b) Kleine natürliche komplexe Systeme oder Simulationen von diesen werden untersucht: In diesen sehr aufwendigen Studien oder Experimenten (Beispiele im Abschnitt 2.6.7) werden die wichtigsten Einflüsse und Reaktionen des Gesamtsystems auf die Verabreichung der Schadstoffe ermittelt. Vorteile sind die große Naturnähe des Systems und damit eine hohe Relevanz der Ergebnisse für die reale Umwelt. Als Nachteile dieser Methode haben zu gelten:

– Nur begrenzte Einsatzmöglichkeiten;
– Schwierigkeit, alle Wirkungen im System zu erfassen;

– natürliche Schwankungen innerhalb des Systems können die Substanzwirkungen überlagern und

– ein immenser Kosten-, Zeit- und Personalbedarf.

c) Analyse von Umweltproben auf alle Substanzen und Mengenbestimmung: Es werden keine Versuche mit kontrollierten Kontaminationen durchgeführt, sondern Proben der Umwelt entnommen und die Inhaltsstoffe bestimmt (Methoden im Abschnitt 2.7). Aus den unterschiedlichen Konzentrationen lassen sich dann Aussagen über das Verhalten der Substanzen in der Umwelt ableiten. Solche Untersuchungen haben die Umwelt selbst als Untersuchungsgegenstand und sind somit sehr aussagekräftig; die Übertragung der Ergebnisse auf ein anderes Ökosystem ist jedoch kaum möglich, da die große Anzahl potentieller Einflußfaktoren nur unvollständig ermittelt werden kann. Untersuchungen dieses Typs bieten sich zum Vergleich zwischen belasteten (emittenten-nahen) und unbelasteten (emittenten-fernen) Ökosystemen oder zur Beobachtung einer Untersuchungsfläche *vor* und *nach* einer immissionsrelevanten Veränderung (z.B. Stillegung oder Neubau einer Verbrennungsanlage) an.

Alle derartigen Versuche stellen nur Modelle für die tatsächlich in der Umwelt ablaufenden Prozesse dar. Die Aussagekraft der Ergebnisse ist dabei umso größer, je ähnlicher das Versuchssystem den natürlichen Systemen ist. Leider sind solche Versuchsanordnungen sehr aufwendig und die Versuche recht langwierig, so daß nicht zuletzt im ökonomischen Interesse ein Kompromiß gefunden werden muß.

Hierbei muß auch bedacht werden, daß innerhalb der EU gegenwärtig mehr als 100.000 Che-

Tab. 1: *Exposition und Wirkung einer Chemikalie.*

Exposition Eignung zur Umweltpräsenz	Wirkung Eignung zur Umweltschädigung
– Menge, Wege und zeitlicher Verlauf des Eintrags in die Umwelt – Verweildauer – Abbaubarkeit – Umwandlungen – Akkumulierbarkeit	Schädliche Wirkung auf: – Tiere, Pflanzen und Mikroorganismen – Beschaffenheit von Wasser, Boden und Luft – Naturhaushalt

mikalien produziert werden, wobei über die allermeisten dieser Stoffe keine Informationen über ihr Verhalten in der Umwelt vorliegen. Zur raschen Identifizierung der in der Umwelt, am Arbeitsplatz und im Wohnumfeld des Menschen gefährlichen oder bedenklichen Stoffe ist es deshalb notwendig, in kurzer Zeit mit geringem Aufwand an Sach- und Personalkosten aussagefähige Daten zu ermitteln. Die Forderung, *alle* ökologischen und toxikologischen Wirkungen aller Chemikalien zu erfassen, bleibt dabei sicher auf der Strecke.

Um in der großen Gruppe der produzierten Chemikalien die „Schwarzen Schafe" ausfindig zu machen, müssen Stoffinformationen bewertet werden. Welche Parameter dabei eine Rolle spielen sollen und wie diese Werte zu beurteilen sind, wird zur Zeit in zahlreichen Fachpublikationen lebhaft und kontrovers diskutiert.

2 Methoden der Ökotoxikologie

Das Verhalten eines Stoffes in der Umwelt und dessen Wechselwirkung mit anderen Substanzen sowie die Reaktionen der Organismen auf den betreffenden Stoff können durch zahlreiche Methoden untersucht werden. In diesem Kapitel werden die wichtigsten dieser Methoden und die damit zu beantwortenden Fragestellungen vorgestellt:

– Beschreibung der Methode.
– Welche Aussagen können gemacht werden und welche Bedeutung haben die Versuchsergebnisse ?
– Wie können die Parameter klassifiziert werden?

Bei den meisten Parametern sind Vergleichswerte für 9 ausgewählte Umweltchemikalien genannt. Mit diesen recht bekannten Stoffen ist es möglich, die Interpretationen zu überprüfen und ggf. die Parameter anderer Stoffe zu vergleichen. Hier zunächst eine kurze Vorstellung der 9 ausgewählten Umweltchemikalien (zu den verwendeten Abkürzungen siehe Tab. 2):

Atrazin: Die Verbindung ist ein Mittel gegen Unkräuter (Herbizid), vor allem im Maisanbau. Sie ist ein rein synthetischer, pulverförmiger Stoff. Infolge seiner langen Haltbarkeit und guten Versickerung gelangt er ins Grundwasser; er wurde dort wiederholt nachgewiesen. Sein Einsatz ist in Deutschland derzeit nicht erlaubt.

Benzol: Diese natürlich vorkommende Verbindung ist oberhalb 5,5 °C flüssig. Sie ist ein wichtiges Ausgangsprodukt für chemische Synthesen (z.B. des Kunststoffs Polystyrol). Im (verbleiten und bleifreien) Benzin ist sie bis zu 8 % vorhanden. Sie entsteht bei allen unvollständigen Verbrennungen (Autoabgase, Kohle- und Gasfeuerungen, Müllverbrennung, Kokereien).

DEHP: Die Verbindung wird als Weichmacher in Kunststoffen (bis zu 40 % Anteil im PVC), als Entschäumer, Emulgator und als Isolierflüssigkeit in Kondensatoren (Ersatz für PCB) eingesetzt. Ein natürliches Vorkommen ist möglich.

Hexachlorbenzol: Dieses Benzolderivat wurde als Fungizid, in der Saatgutbehandlung, als Holzschutzmittel, als Weichmacher in Kunststoffen und in Isoliermaterialien verwendet. Es kommt nicht natürlich vor, entsteht aber durch Umwandlung anderer Stoffe in der Umwelt.

LAS: Dieser rein synthetische Waschmittelrohstoff ist ein Tensid, d. h. er setzt die Oberflächenspannung des Wassers herab und verbessert dadurch die Emulgierung der Fette im Wasser.

Pentachlorphenol: Dieser Wirkstoff gegen Pilze, Bakterien und Algen fand als Holz- und Lederschutzmittel Verwendung. Nachdem viele tausend Menschen über starke Gesundheitsschäden klagten, ist dessen Einsatz für alle Anwendungsbereiche verboten worden. In Holzschutzmitteln ist die Substanz heute nicht mehr anzutreffen, auf Leder dagegen noch recht häufig. Produktionsbedingte Verunreinigungen sind Dioxine und Furane.

Quecksilberchlorid: Die zweiwertige Form des Quecksilbers (Hg^{2+}) wird leicht in Organoquecksilber umgewandelt und dadurch erheblich giftiger. Quecksilber wurde früher in der Landwirtschaft als Fungizid eingesetzt; es findet noch heute Verwendung als Katalysator in chemischen Synthesen, in der Chloralkali-Elektrolyse und in Batterien (Quecksilber-Knopfzellen für Hörgeräte, Photoapparate etc., in geringen Mengen auch als Entladeschutz in „normalen" Batterien). In der Natur finden vielfältige Umwandlungen statt, so daß es nicht mehr in der Form vorliegt, in der es emittiert wurde.

TCDD: Diese Verbindung wird weder bewußt produziert, noch existiert für sie ein Anwendungsgebiet. Sie ist ein Stoff, der als produktionsbedingte Verunreinigung oder bei der Verbrennung bestimmter Stoffe entsteht. Nachdem TCDD 1976 bei der Explosion in einer Chemieanlage in Seveso (Norditalien) freigesetzt wurde und zu zahlreichen Fällen von Chlorakne bei Kindern führte, ist es als „Seveso-Dioxin" bekannt.

Trichlorethen: Dieser synthetische Stoff wird als Lösungs- und Reinigungsmittel, z. B. zur Metallentfettung, verwendet. Er ist ein Zwischenprodukt bei der Herstellung zahlreicher chemischer Substanzen.

2.1 Bezeichnungen, Nummern und physikalisch-chemische Daten

2.1.1 Bezeichnungen und Abkürzungen

Eine Grundvoraussetzung bei der Suche nach Informationen über eine chemische Substanz ist die Kenntnis ihrer genauen Bezeichnung. Es müssen dabei folgende Angaben unterschieden werden:

Handels- oder Produktnamen: Nur in wenigen Fällen besteht eine gesetzliche Pflicht, auf den Produkten (Pflanzenschutzmittel, Lebensmittelzutaten u. a.) die Hauptinhaltsstoffe anzugeben. In der Regel stellt es ein großes Problem dar, die genaue Zusammensetzung der Produkte in Erfahrung zu bringen. Einige spärliche, teilweise schon veraltete Literaturstellen [4] geben erste Hinweise, wobei zu beachten ist, daß im Laufe der Zeit unter dem gleichen Markennamen durchaus verschiedene chemische Substanzen vermarktet wurden (z. B. war Eternit früher Asbestzement; heute ist es asbestfrei; Xyladecor enthielt früher das inzwischen verbotene PCP als Holzschutzmittelwirkstoff, heute sind es andere Wirkstoffe).

Chemische Formel: Sie ist für den Experten eine eindeutige Kennzeichnung der Substanz. Es können erste Hinweise über die chemischen und physikalischen Eigenschaften abgeleitet werden (s. Abschnitt 2.6.6.4).

Summenformel oder Formelindex: Dies ist eine spezielle Form der Aufsummierung der in der Substanz vorhandenen Moleküle; sie kann als Suchkriterium in Datenbanken dienen.

Wissenschaftlicher Name: Ein nach internationalen Regeln (IUPAC-Nomenklatur) aufgebauter Stoffname. Bei der Suche in Datenbanken ist Vorsicht geboten: Die Schreibweise wird gelegentlich verändert, so daß in der älteren Literatur oft andere Namen zu finden sind. So wurde Äthylen (Ethylen) zu Ethen; Trichloräthylen und Trichlorethen sind somit identisch.

Wissenschaftliche Trivialnamen: Kurznamen sind zumeist Phantasienamen, die in der Fachliteratur verwendet werden. So ist Parathion der Trivialname für O,O-Diethyl-O-(p-nitrophenyl)-thionophosphat, besser bekannt unter dem Handelsnamen des Insektenvertilgungsmittels E 605.

Tab. 2: Chemische Bezeichnung von Umweltchemikalien.

Atrazin	4-Chlor-2-ethylamino-6-(2-propyl-amino)-1, 3, 5-triazin
DEHP	Di-(2-ethylhexyl)phthalat
LAS	Natrium-n-dodecylbenzolsulfonat
TCDD	2, 3, 7, 8-Tetrachlordibenzo-p-dioxin

Abkürzungen: Aus Verständlichkeitsgründen werden oft Abkürzungen eingeführt und auch in wissenschaftlicher Literatur verwendet. Dabei gibt es für diese Abkürzungen keine allgemeingültigen Regeln. Gelegentlich kommt es deshalb zur mehrfachen Vergabe: TRI ist gebräuchlich als Abkürzung für Trichlorethen (Lösungsmittel bei der Metallentfettung), wird aber auch als Abkürzung für Trinitrotoluol (TNT) benützt. Abkürzungen können sich international unterscheiden: Das Insektizid Lindan wird bei uns HCH (Hexachlorcyclohexan) abgekürzt, in den USA dagegen als BHC (Benzolhexachlorid) bezeichnet.

Tab. 3: Substanzklasse und weitere Bezeichnungen von Umweltchemikalien.

Präparat	Substanzklasse	Sonstige Bezeichnungen
Atrazin	1,3,5-Triazine	
Benzol	aromatische Kohlenwasserstoffe	Benzene
DEHP	Phthalsäureester	DOP, Di-cec.-octylphthalat
Hexachlorbenzol	Chlorbenzole	HCB
LAS	Tenside	
Pentachlorphenol	Chlorphenole	PCP, Penta
Quecksilberchlorid	Schwermetalle	Sublimat, Mercurichlorid
TCDD	Dibenzo-p-Dioxine	Seveso-Dioxin
Trichlorethen	leichtflüchtige Chlorkohlenwasserstoffe	TRI

2.1.2 CAS-, RTECS-, UN- und EG-Nummer

Verschiedene Institutionen und Organisationen vergeben für alle oder nur für bestimmte gefährliche Substanzen Nummern. Diese dienen in vielen Datensammlungen als Suchhilfe und können als wirklich eindeutige Beschreibungen der Substanz betrachtet werden.

Die größte Bedeutung hat die CAS-Nummer. Diese **C**hemical **A**bstract **S**ystem Number wird vom Chemical Abstract Service der American Chemical Society vergeben. Die Zahlen sind nicht nach einem System erstellt, sondern ergeben sich aus der Reihenfolge der Besprechung der Substanzen in den Chemical Abstracts.

Die RTECS-Nummer (auch NIOSH-Nummer genannt) ist eine Codierung des **R**egistry of **T**oxic **E**ffects of **C**hemical **S**ubstances, herausgeben vom **N**ational **I**nstitute for **O**ccupational **S**afety and **H**ealth (NIOSH), Cincinnati (USA).

Die UN-Nummer stammt aus Empfehlungen der Vereinten Nationen (UN) und dient als Schlüsselnummer in der unteren Hälfte der orangefarbenen Warntafeln, die im europäischen Gefahrguttransport vorgeschrieben sind (z. B. an Tankfahrzeugen). Sie sind im „Orange Book" zu finden, den „Recommendations Prepared by the Committee of Experts on the Transport of Dangerous Goods".

EG-Nummern stammen aus der „Liste der Anlage I der Richtlinie Nr. 76/907/EWG der Kommis-

Tab. 4: CAS- und UN-Nummer von Umweltchemikalien.

Präparat	CAS-Nummer	UN-Nummer	Summenformel
Atrazin	1912–24–9	–	$C_8H_{14}ClN_5$
Benzol	71–43–2	1114	C_6H_6
DEHP	117–81–7	–	$C_{24}H_{38}O_4$
Hexachlorbenzol	118–74–1	2729	C_6Cl_6
LAS	25–155–30–0	–	$C_{18}H_{29}NaO_3S$
Pentachlorphenol	87–86–5	2020	C_6Cl_5OH
Quecksilberchlorid	7487–94–7	1624	$HgCl_2$
TCDD	1746–01–6	–	$C_{12}H_4O_2Cl_4$
Trichlorethen	79–01–6	1710	C_2HCl_3

sion der **E**uropäischen **G**emeinschaften vom 14. Juli 1976 zur Angleichung der Rechts- und Verwaltungsvorschriften für die Einstufung, Verpakkung und Kennzeichnung gefährlicher Stoffe an den technischen Fortschritt". Diese Nummern sind im Zusammenhang mit der Gefahrstoffverordnung ein wichtiges Kennzeichnungskriterium.

2.1.3 Physikalische und chemische Eigenschaften

Die physikalischen und chemischen Eigenschaften von Substanzen bestimmen ganz entscheidend das Verhalten einer Substanz in der Umwelt. In diesem Abschnitt werden nur die Parameter Schmelzpunkt, Siedepunkt, Wasser-

löslichkeit und Flammpunkt behandelt. In den folgenden Abschnitten werden noch weitere physikalisch-chemische Eigenschaften im Zusammenhang mit speziellen Fragen der Umweltschadstoffe erläutert, z. B. der Dampfdruck im Abschnitt 2.3.1 bei der „Ausbreitung von Umweltchemikalien."

Die ausführliche Beschreibung der Methoden zur Ermittlung der folgenden Parameter ist im Amtsblatt der EG L 251 zu finden (s. a. [24]).

2.1.3.1 Schmelz- und Siedepunkt

Der Schmelzpunkt ist die Temperatur, bei der der Übergang von der festen zur flüssigen Phase einer Substanz eintritt. Er wird ermittelt, indem bei langsamer Erwärmung der Beginn des

Tab. 5: Schmelz- und Siedepunkt von Umweltchemikalien (nach [27]).

Präparat	Schmelzpunkt in °C	Siedepunkt in °C
Atrazin	174	nicht destillierbar
Benzol	6	80
DEHP	-50	385
Hexachlorbenzol	230	332
LAS		pastös
Pentachlorphenol	189	Zersetzung bei 310
Quecksilber(II)chlorid	280	302
TCDD	ca. 310	ca. 900
Trichlorethen	-73	87

Schmelzens oder bei langsamer Abkühlung der Beginn der Kristallisation registriert wird. Die Ergebnisse werden in Kelvin-Graden angegeben. Sie sind nach der Formel t(°C) = T(K) − 273,15 leicht in die uns geläufigen Celsius-Grade umzurechnen.

Der Siedepunkt kennzeichnet den Übergang von der flüssigen in die gasförmige Phase. Er wird als die Temperatur definiert, bei der der Dampfdruck der Substanz bei Sättigung dem Standarddruck der Umgebungsluft entspricht. Der Siedepunkt wird durch Erhitzen und Messung der Siedetemperatur oder durch Messung der Kondensationstemperatur beim Abkühlen des Dampfes ermittelt. Auch diese Temperatur wird in Kelvin-Graden angegeben. Es gibt Substanzen, die nicht so weit erhitzbar sind, daß sie

in die flüssige oder gasförmige Phase übergehen können, ohne sich zu zersetzten. In diesen Fällen wird dann die Zersetzungstemperatur angegeben.

Schmelzpunkt und Siedepunkt können einen Hinweis auf den Aggregatzustand (fest, flüssig oder gasförmig) der reinen (!) Substanzen geben; beide Werte werden in der Chemie als Maß für die Reinheit einer Verbindung verwendet. Umweltschadstoffe kommen allerdings zumeist in Gemischen, Verdünnungen oder Verunreinigungen vor, so daß sich lediglich bei der Bewertung der Gefährlichkeit von Transporten industrieller Zwischenprodukte Hinweise aus diesen Parametern ableiten lassen.

2.1.3.2 Wasserlöslichkeit

Die Wasserlöslichkeit wird charakterisiert durch die Sättigungskonzentration einer Substanz in reinem Wasser bei einer bestimmten Temperatur. Bei leicht löslichen Stoffen wird mit einem Überschuß an Substanz durch längeres Schütteln bei 30 °C eine gesättigte Lösung mit dem Bodenkörper hergestellt. Danach wird die Lösung 24 Stunden bei 20 °C stehen gelassen, abzentrifugiert und die Konzentration in der wäßrigen Phase bestimmt. Schwerlösliche Stoffe werden mit der Säulen-Eluations-Methode untersucht: Die Testsubstanz wird dazu in einer dünnen Schicht auf ein Trägermaterial, z. B. Glaskügelchen, Sand, Kieselgel, aufgetragen und so in ein beiderseits offenes Glasröhrchen gefüllt. Reines Wasser wird durch diese senkrecht aufgehängte Säule geleitet und die Substanzkonzentration in der aufgefangenen Lösung bestimmt. Erst nach einiger Zeit stellt sich bei dieser Methode die Sättigungskonzentration ein. Die gefundenen Werte werden in g/l (Gramm je Liter) angegeben; sie sind nur für die jeweilige Untersuchungstemperatur gültig. Bei geringeren Temperaturen sinkt die Wasserlöslichkeit, bei höheren steigt sie in der Regel.

Leicht wasserlösliche Substanzen verteilen sich gut im Boden, werden aber oft in das Grundwasser durchgewaschen. Durch die Pflanzen werden diese Verbindungen i. a. gut aufgenommen, oft auch akkumuliert. Bei Tieren reichern

Tab. 6: Wasserlöslichkeit von Umweltchemikalien (nach [27]).

Präparat	Wasserlöslichkeit $(\mu g/l = ng/cm^3)$
Quecksilber(II)chlorid	66.000.000
Benzol	1.760.000
Trichlorethen	1.100.000
LAS	1.100.000
Atrazin	45.000
Pentachlorphenol	20.000
DEHP	29
Hexachlorbenzol	8,40
TCDD	0,013

sich diese Verbindungen dagegen nur schlecht an; sie werden von ihnen durch die Niere gut ausgeschieden.

In natürlichen Oberflächengewässern sind schlecht wasserlösliche Substanzen nicht nur in der gelösten Form vorhanden, sondern auch an Schwebstoffe gebunden. Insgesamt kann sich so eine Konzentration ergeben, die oberhalb der Wasserlöslichkeit liegt.

2.1.3.3 Flammpunkt

Durch die Verdunstung brennbarer Substanzen können brennbare Luft-Dampf-Gemische entstehen, die weit entfernt von der Substanz entzündet werden können. Ausgasende Lösungsmittel aus Farben oder Klebstoffen können durch Zigarettenglut oder elektrische Funken in Schaltern/Motoren zur Explosion gebracht werden. Sie stellen dadurch bei ihrer Verarbeitung ein hohes Sicherheitsrisiko dar. Der Flammpunkt einer Substanz benennt die Temperatur, bei der durch Verdunstung in einem geschlossenen System ein zündfähiges Luft-Dampf-Gemisch entsteht. Zur Ermittlung des Wertes wird in einem Versuch eine Substanzprobe in einem geschlossenen Tiegel solange erhitzt, bis das Luft-Dampf-Gemisch gezündet werden kann. Die gemessene Temperatur wird in K oder °C angegeben.

2.2 Produktion

Jede Produktion chemischer Stoffe führt zu stofflichen Veränderungen der Umwelt, sei es bei der Rohstoffgewinnung, der Produktion selbst, der Anwendung, der Abfallbeseitigung oder bei den zahlreichen Transporten. Aus der produzierten Chemikalienmenge kann die maximal mögliche Umweltbelastung abgeschätzt werden. Zudem ist es möglich, die Freisetzung der Substanzen im zeitlichen Verlauf zu bewerten, ob z. B. nach der Entdeckung neuer gefährlicher Eigenschaften einer Chemikalie deren Produktion zurückgegangen ist. Die Bereiche, in denen die Chemikalien eingesetzt werden,

geben Hinweise auf die Wege, auf denen sie möglicherweise in die Umwelt gelangen können.

Zur Beurteilung, welches Produkt oder welches Verfahren zur Erreichung eines bestimmten Zieles dasjenige ist, welches die geringsten negativen Auswirkungen auf die Umwelt hat, werden Ökobilanzen und Produktlinien-Analysen durchgeführt.

2.2.1 Ökobilanzen

Eine Ökobilanz (auch als Ökoprofil, life-cycle-assessment, life-cycle-analysis, LCA u.a. bezeichnet) soll den gesamten Lebenszyklus eines Produktes quantitativ erfassen: Von den Rohstoffen über Zwischenprodukte zum Produkt und seinem Gebrauch bis schließlich zur Entsorgung werden sämtliche Schritte mit allen umweltrelevanten Daten erfaßt.

Zu Beginn der Bilanzierung muß eine genaue Beschreibung der Systemgrenzen erfolgen. Soll die Untersuchung nur für den Bereich der Bundesrepublik Deutschland durchgeführt werden, so ist z. B. die bei uns typische Abfallbeseitigung (ca. 30 % Verbrennung, Rest Deponierung) bei der Ermittlung der Emissionen von entscheidender Bedeutung. In anderen Ländern, in denen – wie z. B. in Schweden oder der Schweiz – 70 bis 80 % des Abfalls verbrannt werden, führt die Abfallbeseitigung derselben Produkte zu ganz anders zusammengesetzten Emissionen. Auch die im Untersuchungsgebiet angewandte Produktionsmethode muß beschrieben werden: Durch andere Verfahren kann es zu anderen Emissionen mit höherem oder auch niedrigerem Energieverbrauch kommen.

In einem „Inventar" (auch „Sachbilanz" oder „Vertikalanalyse" genannt) werden alle Energie-, Material- und Emissionswerte aufgelistet. Dazu werden für jeden Schritt die Art und Menge der benötigten Energie sowie die dabei entstehenden Emissionen einzeln aufgeführt. Bereits mit diesem Inventar kann eine Analyse des Produktionsverfahrens im Hinblick auf Energieeinsparung und Emissionsminderung durchgeführt werden.

In einer weiteren Stufe wird eine „Wirkungsanalyse" (auch als „Horizontalanalyse Natur" bezeichnet) durchgeführt. Darin werden für jeden Schritt von der Rohstoffgewinnung bis zum Abfall die Umweltauswirkungen beschrieben. Dies ist nicht so einfach durchzuführen, da die Fülle der möglichen Auswirkungen mit einer handhabbaren Anzahl von Parametern ermittelt werden muß. Dabei sollten die Parameter nach Möglichkeit quantifizierbar sein. Den Abschluß bilden „Auswertung und Vergleich": In diesem Bereich ist die exakte Wissenschaft am Ende – es kommen Wertvorstellungen ins Spiel, also naturgegeben subjektive Faktoren.

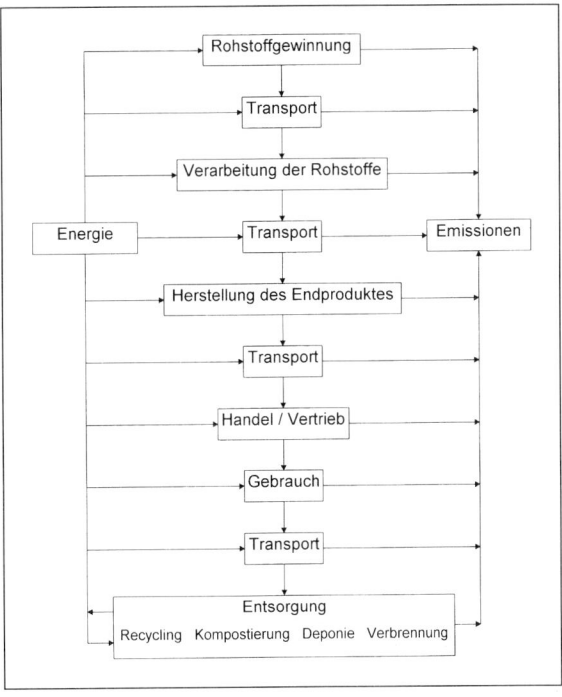

Abb. 1: Ablaufschema einer Ökobilanz (nach [19]).

Ökobilanzen werden üblicherweise als Vergleiche zwischen verschiedenen Produkten, welche die gleichen Aufgaben erfüllen, durchgeführt. Für den Bereich der Verpackungen sind bereits einige Studien erarbeitet worden, in denen z. B. Einwegverpackungen mit Mehrwegsystemen verglichen wurden. Dabei kam es zu teilweise überraschenden Ergebnissen: Im „Tragetaschenvergleich" des Umweltbundesamtes von

1988 wurde die Polyethen-Einmaltragetasche hinsichtlich ihrer Umweltauswirkungen deutlich positiver beurteilt als die Papier-Einmaltragetasche. Auch wenn durch andere (subjektive) Gewichtungen der Teilbilanzen die Unterschiede nicht mehr so deutlich zutage treten würden, muß seither die gängige Einschätzung (Papiertragetasche = gut; Polyethentragetasche = schlecht) als widerlegt gelten. Der eigentliche Sieger dieser Studie war jedoch die Jutetasche [13].

2.2.2 Produktlinien-Analysen

Die Produktlinien-Analyse untersucht die verschiedenen Alternativen, die zur Befriedigung eines Bedürfnisses führen können. Dabei werden die Bedürfnisse selbst hinterfragt und die Eignung der Produkte zur Befriedigung eben dieser Bedürfnisse überprüft. Ähnlich wie bei einer Ökobilanz werden dann Vertikal- und Horizontal-Analysen durchgeführt. Neben den ökologischen Aspekten erfolgt hier die gleichgewichtige Berücksichtigung der ökonomischen und sozialen Gesichtspunkte. Damit soll im Rahmen einer Produkt- und Umweltpolitik eine Überprüfung des Bedarfs und des Nutzens der Produkte erfolgen – und zwar durch die Nennung übergeordneter Ziele. Produktlinien-Analysen sind sehr viel aufwendiger als Ökobilanzen.

Die Entwicklung der oben genannten Methoden steht noch am Anfang. Bisher sind keine genormten Verfahren und keine Konventionen vorhanden, nach denen eine Ökobilanz oder eine Produktlinienanalyse durchzuführen ist. Studien unterschiedlicher Autoren haben deshalb noch recht widersprüchliche Ergebnisse geliefert. Gegenüber der Verwendung der Erkenntnisse aus diesen Arbeiten ist deshalb ein gewisses Mißtrauen angebracht, dies vor allen Dingen wegen der Einbeziehung – oft nicht explizit aufgeführter – subjektiver Wertvorstellungen ([13], [19]).

2.3 Ausbreitung von Umweltchemikalien

2.3.1 Dampfdruck und Verdunstungszahl

Der Dampfdruck stellt die wichtigste substanzspezifische Größe dar, welche die Tendenz einer Substanz zum Übertritt in die Gasphase der Atmosphäre anzeigt [27]. Es handelt sich um den Sättigungsdampfdruck im Gasraum über einer festen oder flüssigen Substanz. Ermittelt werden kann der Dampfdruck in einem geschlossenen Behälter, in dem sich die Substanz befindet und der Druck im Gasraum über der Substanz bei verschiedenen Temperaturen gemessen wird (Statische Methode). Bei der Gassättigungs-Methode wird der Strom eines Trägergases über die Substanz geleitet; er sättigt sich so mit deren Dampf. In einer anschließenden Gasfalle wird der Dampf entweder durch geeignete Absorberflüssigkeiten oder durch Ausfrieren gesammelt und analytisch bestimmt. Aus der von einer bestimmten Menge Trägergas transportierten Substanzmenge wird der Dampfdruck errechnet. Die Ergebnisse werden für 20 °C in Pascal (abgek.: Pa) angegeben.

Faktoren für die Umrechnung in andere Maßeinheiten:

1 mbar (Millibar)	= 100	Pa
1 bar	= 100.000	Pa
1 at	= 98.100	Pa
1 atm	= 101.300	Pa
1 Torr (= 1 mm Hg)	= 133,3	Pa

Mit zunehmender Temperatur steigt der Dampfdruck beträchtlich an. So gilt z. B. für Wasser:

0 °C	610 Pa
20 °C	2.330 Pa
50 °C	12.300 Pa

Aus den Dampfdruckwerten läßt sich nichts über die Geschwindigkeit der Verdunstung der Substanz aussagen; lediglich eine Tendenzabschätzung der „Verflüchtigungsneigung" ist möglich. Substanzen mit einem Dampfdruck $< 10^{-3}$ Pa sind nur sehr schwer flüchtig; sie gelangen i. a. nicht über den Luftpfad in die Umwelt. Allerdings können diese Stoffe als Staub oder an schwebfähige Partikel (Aerosole) gebunden durchaus zu einer Luftbelastung führen.

Der Dampfdruck wird auch zur Berechnung weiterer Parameter, z. B. der Volatilität (Abschnitt 2.3.2) benötigt.

Verdunstungszahl
Diese dimensionslose Zahl gibt die Verdunstungsdauer einer Substanz relativ zu einer anderen, im Regelfall Diethylether, an. Dabei

Tab. 7: *Dampfdruck von Umweltchemikalien (nach [27]).*

Präparat	Temperatur in °C	Dampfdruck in Pa
Benzol	20	10.100
Trichlorethen	20	7.800
Quecksilber(II)chlorid	25	0,013.1
Pentachlorphenol	20	0,008.8
DEHP	20	0,001.3
Hexachlorbenzol	20	0,001.1
Atrazin	20	0,000.04
TCDD	25	0,000.000.15
LAS	25	äußerst gering

wird der Wert für Diethylether willkürlich = 1 gesetzt. Diese Angabe ist nur bei stark flüchtigen Substanzen, z.B. bei Lösungsmitteln, sinnvoll. So mißt man für Trichlorethen 3,5, für Benzol 3,0.

2.3.2 Volatilität

Treten Stoffe aus wäßriger Lösung oder aus festen Phasen durch Diffusion in die Atmosphäre über (= Volatilität), so kann dieses Verhalten mit verschiedenen Parametern beschrieben werden.

Die Ostwaldsche Löslichkeit (α') beschreibt die Gleichgewichtsverteilung einer Substanz zwischen Lösung und Gasraum. Dabei ist der Quotient der Konzentration in wäßriger Lösung ($c_{(H_2O)}$) und Luft ($c_{(Luft)}$) eine dimensionslose Zahl. Derselbe Zusammenhang wird auch durch den sog. Henry-Koeffizienten ausgedrückt; dieser entspricht dem reziproken Wert der Ostwaldschen Löslichkeit. Vielfach wird der Henry-Koeffizient aber auch als Quotient zwischen den experimentell leicht zugänglichen Parametern Sättigungsdampfdruck und maximaler Wasserlöslichkeit definiert. Ist dieser Wert groß, so verflüchtigen sich die Stoffe aus Gewässern, ist er klein, so verbleiben sie im Wasser.

Zur Erfassung der zeitlichen Dimension der Diffusion existieren keine einheitlichen Methoden; experimentelle Befunde liegen erst für wenige

Tab. 8: *Vergleich zwischen dem Henry-Koeffizient und der Volatilität von Umweltchemikalien (Werte für 25°C, nach [27] und [36]).*

Präparat	Henry-Koeffizient [*)	Volatilität ($t_{1/2}$)
Trichlorethen	400.000	6–18 h
Benzol	230.000	5 h
Hexachlorbenzol	3.600	36 h
DEHP	430	60 d
TCDD	150	
Pentachlorphenol	52	74 d
Atrazin	0,54	–
Quecksilber(II)chlorid	0,02	490 a

*) Werte mit 10^6 multipliziert

Stoffe vor. Mit einer Formel nach Mackay und Leinonen wird deshalb meistens eine Halbwertszeit für die Diffusion der Substanz aus 1 m Wassertiefe geschätzt. Dabei werden eine geringe Windbewegung, eine gute Durchmischung des Wassers und 25 °C Lufttemperatur angenommen [33].

2.3.3 Isotopenmarkierung

Breiten sich Chemikalien in verschiedenen biotischen und abiotischen Systemen aus, so ist es analytisch nicht immer möglich, die Substanzen auch noch in kleinsten Konzentrationen nachzuweisen. Bei der Suche nach den Ausbreitungswegen ist die Methode der Isotopenmarkierung inzwischen ein unersetzbares Hilfsmittel. Auch das Erkennen der Umwandlungsprodukte nach biotischen und abiotischen Reaktionen ist fast nur mit dieser Methode möglich.

Was haben wir unter Isotopen zu verstehen? Chemische Elemente wie beispielsweise Kohlenstoff (chemisches Symbol: C) besitzen eine bestimmte Anzahl negativ geladener Elektronen und genauso viele positiv geladene Protonen; beim Element Kohlenstoff sind es je 6. Außerdem befindet sich im Kern noch eine unterschiedliche Anzahl neutraler Partikel (Neutronen). Die chemischen Eigenschaften eines Elementes resultieren fast ausschließlich aus der Anzahl der Elektronen. Im Gegensatz zur Zahl der Protonen kann die Anzahl der Neutronen – innerhalb gewisser Grenzen – variieren, ohne daß es sich um ein anderes Element handelt. Moleküle, die sich nur in der Anzahl ihrer Neutronen unterscheiden, werden Isotope genannt. Man kennzeichnet sie durch ihre Masse, die man dem Elementsymbol (als Hochzahl) voranstellt. Beim Kohlenstoff sind das insbesondere die Isotope ^{12}C mit 6, ^{13}C mit 7 und ^{14}C mit 8 Neutronen. Natürlich vorkommender Kohlenstoff ist ein Gemisch der verschiedenen Isotope, wobei das ^{12}C dominiert.

Das radioaktive Kohlenstoff-Isotop mit 8 Neutronen, das ^{14}C, kommt in der Natur recht selten vor; es zerfällt spontan unter Freisetzung von Elektronen. Baut man dieses Isotop verstärkt in eine organische Verbindung ein, so ist der Verbleib dieser Substanz (aber auch ihrer Umwandlungs- und Abbauprodukte) durch die emittierte radioaktive Strahlung nachweisbar.

Neben dem in ökotoxikologischen Untersuchungen am häufigsten eingesetzten ^{14}C werden noch andere Isotope verwendet, vor allem ^{3}H (Tritium, ein Isotop des Wasserstoffs), ^{35}S (Schwefel), ^{32}P (Phosphor) und ^{36}Cl (Chlor).

Das Arbeiten mit radioaktiven Isotopen ermöglicht:

– Die Bestimmung der Ausbreitung markierter Substanzen in biotischen Systemen, z. B.

innerhalb eines Blattes oder in kleinen Modellökosystemen.
– Die Charakterisierung der Umwandlungsprodukte. Dazu wird die Probe durch chromatographische Verfahren solange in einzelne Fraktionen zerlegt, bis die radioaktiven Inhaltsstoffe – üblicherweise mit einem Massenspektrometer – identifiziert werden können.
– Die Ermittlung des endgültigen Abbaus einer Substanz in naturnahen Systemen. Dies geschieht dadurch, daß man die Endprodukte des Abbaus, CO_2 und Wasser (bei Einsatz von Tritium), auf ihre Radioaktivität hin überwacht.

Eine empfindliche Beschränkung haftet dieser Methode allerdings dadurch an, daß mit radioaktiven Substanzen gearbeitet wird. In der freien Natur sind solche Experimente in der Regel nicht möglich – sie müssen unter hohen Sicherheitsauflagen in hermetisch abgeschlossenen Bereichen durchgeführt werden. Eine weitere Grenze ergibt sich schon aus der Möglichkeit, daß die Strahlung selbst zu chemischen Veränderungen führen kann, die dann ein Ergebnis verfälschen. Verringert man deshalb die Menge der eingesetzten Isotope, gelangt man schnell an die Nachweisgrenze der Meßgeräte.

Es existieren auch Methoden, die mit stabilen (nicht-radioaktiven) Isotopen arbeiten. Solch ein stabiles Isotop ist das ^{14}N, ein Isotop des Stickstoffs. Mit ihm kann ohne Sicherheitsauflagen im Gelände gearbeitet werden. Es wird z. B. bei der Untersuchung des Verbleibs von Stickstoffdünger aus verschiedenen Düngemethoden (Nitrat, Ammonium, Gülle) bei der Ausbringung auf verschiedenen Bodentypen eingesetzt. Die Aufnahme durch die Pflanzen und der Eintrag ins Grundwasser können bei diesen Untersuchungen dem aufgebrachten Dünger oder dem bodenbürtigen Stickstoff zugeordnet werden.

2.4 Umwandlungen

Alle chemischen Substanzen sind, wenn sie in die Umwelt gelangen, Einflüssen ausgesetzt, durch die sie verändert werden. In diesem Zusammenhang sind zwei Fragen von besonderem Interesse:
1) Welche anderen Stoffe entstehen durch die Umwandlungen?
2) Wie schnell wird ein Stoff umgewandelt oder abgebaut bzw. wie lange verbleibt er in der Umwelt ?

zu 1): Diese Frage ist besonders wichtig bei der toxikologischen Bewertung einer Substanz, da die unter Umweltbedingungen entstehenden neuen Verbindungen (Metaboliten) erheblich toxischer sein können als die Ausgangssubstanz.

Auch die Suche nach der Herkunft von Substanzen, die heute in Umweltproben zwar analysiert werden, aber bisher nirgendwo als Produkt (oder dessen Verunreinigung) eingesetzt wurden, wird durch Kenntnisse über Umwandlungsprodukte erleichtert.

zu 2): Das Verbleiben eines Stoffes in der Umwelt, seine Persistenz, muß sehr differenziert beurteilt werden: Produkte aus dem Bausektor sollen sehr lange haltbar sein und müssen dabei den unterschiedlichsten Umwelteinflüssen widerstehen. Dies wird teilweise durch den Zusatz von Stabilisatoren erreicht (UV würde das PVC der Fensterrahmen zersetzen, wenn diesem nicht geeignete Stabilisatoren zugefügt werden). Waschmittel hingegen benötigen eine gute Lagerbarkeit, sind aber wenige Stunden nach der Benutzung ein unerwünschter Abwasserbestandteil und sollten deshalb in Wasser eine geringe Persistenz besitzen. Es muß also zwischen erwünschter und unerwünschter Persistenz unterschieden werden.

Bei der Suche nach den Umwandlungsprodukten werden keine genormten Methoden eingesetzt. Recht häufig werden Versuche mit radioaktiv markierten Substanzen durchgeführt. Die Übertragbarkeit der Ab- bzw. Umbauwege wird durch artspezifische Unterschiede, die vielfältig beobachtet wurden, stark eingeschränkt. Ein im Tierversuch identifizierter Metabolit muß nicht im Menschen oder in Pflanzen anzutreffen sein.

Umwandlungsgeschwindigkeiten können sogar geschlechtsspezifisch variieren.

2.4.1 Metaboliten

Die Umwandlung der in die Umwelt gelangenden Substanzen kann erfolgen durch

– abiotische Prozesse (Oxidation, Reduktion, Hydrolyse, UV- Strahlung) oder durch
– biotische Prozesse (Enzyme in Organismen; Oxidation, Reduktion).

Die biotischen Umwandlungen werden häufig als Metabolismus von Umweltchemikalien und der dabei gebildeten neuen Verbindungen als Metaboliten bezeichnet. Nach strenger Definition ist Metabolismus jedoch nur der Stoffwechsel von Organismen; Metaboliten sind folglich nur die Zwischenprodukte in diesen Kreisläufen. Es hat sich aber eingebürgert, alle Umwandlungsreaktionen mit Umweltchemikalien als Metabolismus zu benennen und die neu gebildeten Substanzen als Metaboliten zu bezeichnen.

Bei der abiotischen Umwandlung im wäßrigen Milieu spielt die Hydrolyse (Abschnitt 2.4.2.1), d.h. die Molekülspaltung unter Wasseraufnahme, eine wichtige Rolle. Oxidationen sind dagegen Reaktionen mit molekularem Sauerstoff (Autoxidation, dadurch Alterung von

Gummi, Ranzigwerden von Fett) und anderen reaktionsfreudigen Formen des Sauerstoffs (z. B. Ozon). In der Atmosphäre spielen die durch Ultraviolettstrahlung ausgelösten photochemischen Reaktionen eine große Rolle; sie sind die Hauptursache für das Entstehen neuer Substanzen (Ozon wird durch UV aus Vorläufersubstanzen gebildet).

Die Reduktionen stellen den Übergang zu den biotischen Umwandlungen dar. Sie spielen vor allem in den sauerstofffreien Zonen der Gewässersedimente eine große Rolle, wobei nicht genau bekannt ist, wie groß die abiotischen und biotischen Anteile sind.

Für den Abbau und die Detoxifikation (Entgiftung) organischer Substanzen sind enzymatisch katalysierte Oxidationen die bedeutsamsten Reaktionen. Nicht spezielle Enzyme, sondern die sog. mischfunktionellen Oxygenasen (oxidierende Enzyme, die hauptsächlich in der Leber vorkommen) bewirken die Umwandlungen. Durch Methylierung werden insbesondere die Schwermeralle in ihrer Giftigkeit für Warmblüter erheblich gesteigert; z. B. wird durch Anlagerung einer Methylgruppe aus dem wasserlöslichen Hg^{2+} das gut fettlösliche und für den Menschen sehr viel giftigere Methylquecksilber.

Elemente wie Stickstoff oder die Schwermetalle sind prinzipiell nicht abbaubar, da sie zwar die Bindungsform ändern können, das Molekül aber immer vorhanden bleibt. Für die toxischen Elemente wie Cadmium, Blei und Quecksilber bedeutet dies, daß die vom Menschen durch den Bergbau freigesetzten Mengen sich auch dann noch in biologischen Kreisläufen befinden, wenn der Mensch die Erde nicht mehr bevölkern wird. Erst in sehr großen geologischen Zeiträumen ist damit zu rechnen, daß diese Schwermetalle wieder in tieferen Schichten der Erdkruste abgelagert und so der Biosphäre entzogen werden.

Als Beispiel sind in Abbildung 2 die biotischen Umwandlungsreaktionen des Quecksilbers dargestellt. Zwei wesentliche Mechanismen spielen hierbei eine Rolle: Das unlösliche, natürlich vorkommende Quecksilbersulfid wird durch Oxidation über das Sulfit in das leicht lösliche Sulfat umgewandelt. In Wasser dissoziiert $HgSO_4$ zu Hg^{2+} und SO_4^{2-}. Durch Reduktion mit $NADH/H^+$ kann metallisches Quecksilber entstehen, das durch seinen hohen Dampfdruck in die Gasphase übertreten kann.

Der zweite Reaktionsweg läuft vom wasserlöslichen Hg^{2+} durch Methylierung zum Methyl- bzw. Dimethylquecksilber. Diese Reaktionen können prinzipiell in allen Organismen auftreten. Die anschließende Reduzierung zu metallischem Quecksilber und Methan erfolgt nur in bestimmten Einzellern. Das entstehende Methylquecksilber ist sehr lipophil (= fettliebend). Es wird deshalb im Fettgewebe gespeichert und reichert sich so in der Nahrungskette an.

Methylierbar sind auch andere Elemente wie Arsen (Di- und Trimethylarsin sind extrem toxisch), Blei, Zinn (Methylzinn schädigt das Zentralnervensystem), Palladium, Thallium, Platin, Gold, Chrom u. a..

Der Abbau organischer Verbindungen kann bis zur vollständigen Mineralisierung erfolgen, d. h. bis zum CO_2, H_2O, Chlorid, Nitrat usw.. Schließlich liegen alle Moleküle in anorganischer Form vor; sie stellen dann wieder Nährstoffe bzw. Mineralsalze dar. Nur dies wäre als vollständiger Abbau zu betrachten. Unter ökologischen Bedingungen reicht es allerdings aus, wenn der Abbau bis zu niedermolekularen Fragmenten, die in den natürlichen Kohlenstoffkreislauf einfließen, verläuft.

Der schrittweise Abbau einer organischen Verbindung soll am Beispiel des DDT, einem insektiziden, chlorierten Kohlenwasserstoff, verdeutlicht werden. Durch reduktiven Austausch von Chlor gegen Wasserstoff entsteht DDD, durch eine weitere Abspaltung von Chlorwasserstoff (Dehydrochlorierung) DDMU. Ein anderer Weg führt über die direkte Dehydrochlorierung zum bedeutendsten Abbauprodukt DDE. Diese Enzymreaktion wird als Hauptursache bei der Ausbildung der Resistenz von Insekten gegen DDT angesehen [29]. In Insektenstämmen, die mit

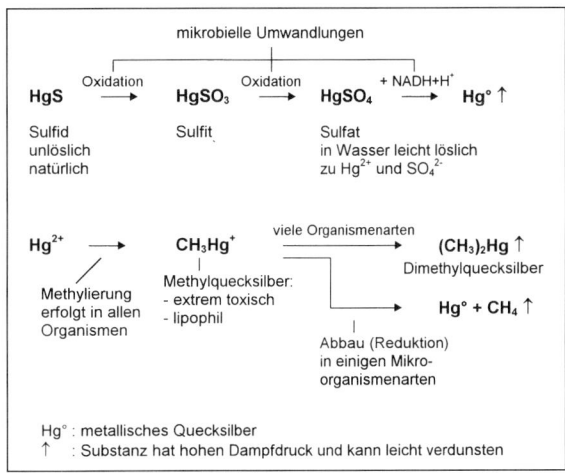

Abb. 2: Reaktionen des Quecksilbers in der Umwelt (nach [21]).

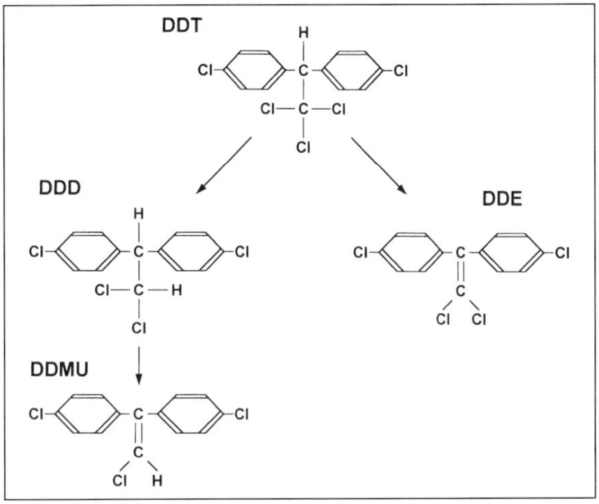

Abb. 3: Umwandlungen des DDT.

Tab. 9: Giftigkeit, Akkumulation und Haltbarkeit von DDT, DDE und DDD (nach [36]).

	LD_{50} (mg/kg KG)	log P_{OW}	kanzerogen	mutagen	$t_{1/2}$ (Jahre)
DDT	113	6,28	+	+	10
DDE	880	5,73	+	+	> 20
DDD	113–3.400	6,02	+	?	> 10

DDT nicht mehr bekämpft werden können, wird deutlich mehr DDE gebildet als in empfindlichen Stämmen.

Mit diesen beiden wichtigsten Abbauprodukten (die auch als produktionsbedingte Verunreinigungen in die Umwelt gelangen) entstehen somit zwei Stoffe, die wie DDT zu Krebs und Erbgutschäden führen, sich genauso stark in Organismen anreichern, zwar weniger akut giftig, aber deutlich haltbarer gegenüber der Ausgangssubstanz sind. Eine Untersuchung, die lediglich das Verschwinden des DDT berücksichtigt, kann deshalb nur eingeschränkt Aussagen über das Langzeitverhalten ergeben.

2.4.2 Persistenz (Verbleib in der Umwelt)

Der vollständige Abbau einer Substanz wird üblicherweise dadurch ermittelt, daß entweder die Abnahme der gelösten organischen Stoffe (Prüfsubstanz und Umwandlungsprodukte), der zur Mineralisierung benötigte Sauerstoff oder das dabei produzierte Kohlendioxid gemessen werden. Wird nach der Freisetzung einer Substanz jedoch nur die zeitliche Abnahme ihrer Konzentration gemessen, so kann dadurch lediglich der Primärabbau ermittelt werden. Das aber bedeutet: nur der erste Reaktionsschritt, der zur chemischen Veränderung der Substanz führt, wird berücksichtigt. Besser wäre es deshalb, bei derartigen Versuchen nicht vom Abbau, sondern von Transformation (d.h. Umwandlung) oder Primärabbau der Substanz zu sprechen. Dadurch würde deutlich zum Ausdruck gebracht, daß auch dann, wenn die Prüfsubstanz nicht mehr nachweisbar ist, immer noch eine Gefährdung der Umwelt durch die Umwandlungsprodukte vorhanden sein kann [36].

Die Ermittlung des Primärabbaus spielt bei den Inhaltsstoffen der Wasch- und Reinigungsmittel immer noch eine große Rolle. Die Angabe auf den Verkaufsverpackungen „99 % abbaubar nach OECD" kann deshalb lediglich eine 99 %ige Transformation bedeuten. Wird eine

Halbwertszeit für den 50%igen Substanzschwund ermittelt, so sollte – wie im Zulassungsverfahren für Pflanzenschutzmittel üblich – von einer „Disappearence Time" (Verschwindezeit) gesprochen werden, um nicht den Eindruck zu erwecken, die Probleme mit der Substanz seien nach einer bestimmten Zahl von Halbwertszeiten aus der Welt.

2.4.2.1 Hydrolyse

Der nicht-biologische Abbau einer Substanz in wäßrigem Medium wird im wesentlichen durch die Hydrolyse bestimmt. Man versteht darunter die Aufspaltung der Verbindung unter Wasseraufnahme:

Chemisch gesehen kommt es zur Abspaltung der Gruppe X und deren Austausch gegen OH:

$$RX + HOH \rightarrow ROH + HX.$$

Die Versuche werden in Glasgefäßen bei konstanten pH-Werten und konstanten Temperaturen durchgeführt. Um den Bereich der pH-Werte in natürlichen Gewässern abzudecken, wählt man die pH-Werte 4, 7 und 9; die Temperatur liegt bei 50 °C (die Ergebnisse lassen sich anschließend auf 25 °C umrechnen). Die Prüfsubstanz wird in sehr geringer Konzentration zugesetzt: Entweder 0,01 Mol/l (siehe Abschnitt 2.7.4) oder eine Konzentration entsprechend der Hälfte der Wasserlöslichkeit, je nachdem, welcher Wert niedriger ist. Die Abnahme der Substanzkonzentration in Abhängigkeit von der Zeit wird durch ein geeignetes Meßverfahren analysiert; die Ergebnisse werden in eine Graphik eingetragen und ausgewertet.

Die ermittelte Hydrolysegeschwindigkeit sagt lediglich aus, daß die Substanz nach der entsprechenden Zeit nur noch zu 50% der eingesetzten Menge nachweisbar war. Das Schicksal der nicht mehr nachgewiesenen 50% bleibt gänzlich ungeklärt. So bleibt offen, ob daraus ein giftigerer oder ein sehr haltbarer neuer Stoff entstanden ist. Die ermittelten Halbwertszeiten sind sehr stark von Temperatur und pH-Wert

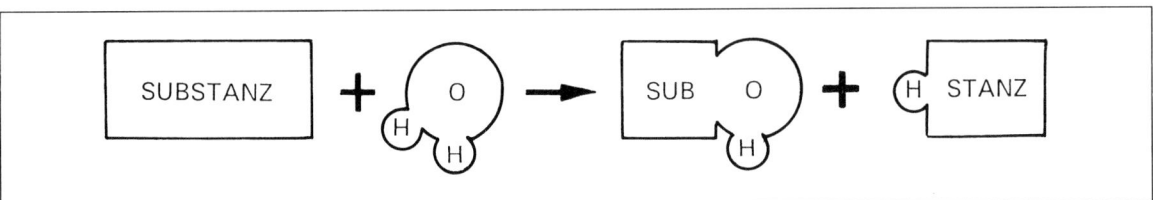

Abb. 4: Hydrolyse.

abhängig: Für den insektiziden Wirkstoff des E 605 (Handelsname), das Parathion (wissenschaftlicher Trivialname), zeigt die Tabelle 10 die Temperatur- und pH-Abhängigkeit der Hydrolysegeschwindigkeit.

Mißt man die Hydrolysierbarkeit verschiedener Umweltchemikalien, so ergeben sich innerhalb einer pH-Spanne zwischen 5 und 9 höchst unterschiedliche Werte. Während Hexachlorbenzol, Pentachlorphenol und Trichlorethen stabil sind, wird das Atrazin innerhalb von 100 bis 200 Tagen abgebaut; in etwa der Hälfte dieser Zeit wird das DEHP hydrolysiert, während die Spaltung des Benzols mehr als 50 Jahre in Anspruch nimmt.

2.4.2.2 Biologische Abbaubarkeit

Bevor die biologische Abbaubarkeit behandelt wird, sollen noch einige Begriffe erläutert werden, die häufig im Zusammenhang mit Umweltchemikalien gebraucht werden und zum Verständnis der Untersuchungen zur Abbaubarkeit unerläßlich sind.

Der Biochemische Sauerstoffbedarf (BSB) beschreibt die Menge an im Wasser gelöstem Sauerstoff, der zur biologischen Oxidation der Prüfsubstanz verbraucht wird. In Versuchen wird eine bestimmte Menge der Substanz in einem sauerstoffreichen Medium mit einer Bakterienlösung (z.B. aus einer kommunalen

Tab. 10: Hydrolysegeschwindigkeit ($t_{1/2}$) des Parathion in Abhängigkeit von pH-Wert und Temperatur (nach [24]).

pH-Wert	Temperatur 70 °C $t_{1/2}$ (Stunden) (70 °C)	pH-Wert (Mittel zwischen 1–5) Temperatur (°C)	$t_{1/2}$ (Tage) (pH-Wert 1–5)
1	34	0	13.800
2	27	10	3.000
3	21	20	690
4	18	30	180
5	20	40	50
6	13	50	15
7	8	60	5
8	4		
9	3		

Kläranlage) angeimpft und bei 20 °C mindestens 5, maximal 28 Tage im Dunkeln belassen. Zu Beginn und zum Ende des Versuches wird der Sauerstoffgehalt gemessen und der Verbrauch in mg Sauerstoff/mg Substanz angegeben.

Bei der Analyse von Abwasser spielt der BSB$_5$ eine große Rolle. Er gibt an, wieviel Sauerstoff je Liter Abwasser (mg O$_2$/l Wasser) von den Mikroorganismen in 5 Tagen verbraucht wird; er charakterisiert zugleich die Belastung des Abwassers mit abbaubaren Substanzen. Beim Abbau dieser Stoffe wird Sauerstoff verbraucht, und Nährstoffe werden freigesetzt: In der Folge kommt es zu Sauerstoffverarmung und Massenentwicklung von Algen und Wasserpflanzen (Eutrophierung). Wird im Herbst die Biomasse abgebaut, kommt es erneut zu ökologischen Schäden durch Sauerstoffverbrauch.

Zur Ermittlung des Chemischen Sauerstoffbedarfs (CSB) wird eine bestimmte Menge der Substanz mit einem chemischen Oxidationsmittel (Kaliumdichromat) und Silbersulfat in einer Schwefelsäurelösung erhitzt und dadurch oxidiert. Das unverbrauchte Dichromat wird bestimmt und daraus der Oxidationsmittel- bzw. Sauerstoffverbrauch der Substanz errechnet. Auch hier wird angegeben, wieviel Gramm Sauerstoff je Gramm Substanz bzw. wieviel mg Sauerstoff je Liter Abwasser verbraucht wurden.

Der gelöste organische Kohlenstoff (**d**issolved **o**rganic **c**arbon = DOC) ist ein Summenparameter, der den Gesamtgehalt einer Probe an gelösten organischen Verbindungen näherungsweise beschreiben kann. Nicht erfaßt werden organische Moleküle, die in Organismen eingebaut oder an Partikel angelagert sind. Dieser Parameter korreliert recht gut mit dem CSB der Probe; er läßt sich analytisch besser bestimmen.

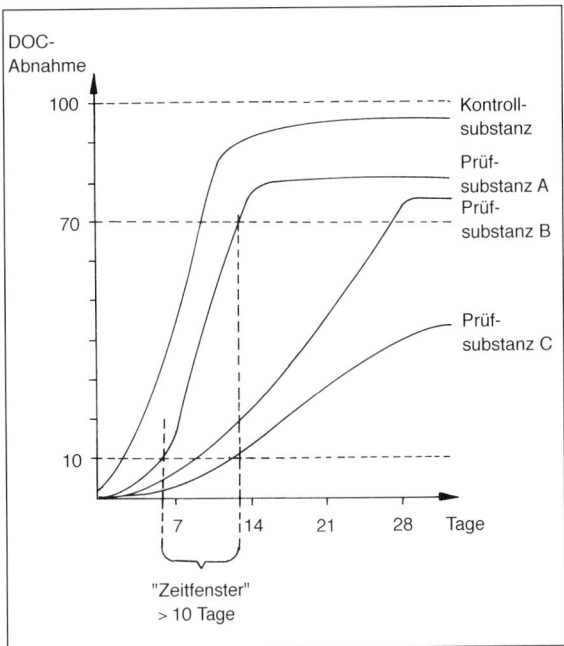

Abb. 5: Abbaukurven der Kontrollsubstanz und 3 unterschiedlicher Prüfsubstanzen.

Die biologische Abbaubarkeit einer Substanz wird in Laborversuchen standardmäßig mit einer ganzen Reihe von Versuchen überprüft. Das Prinzip ist bei den verschiedenen Methoden ähnlich: Ermittelt wird der bakterielle Abbau der Prüfsubstanz in einem sauerstoffreichen wäßrigen Milieu. Die Verfolgung des Abbaus geschieht durch unterschiedliche Parameter:

— Abnahme der Konzentration der Prüfsubstanz einschließlich ihrer Umwandlungsprodukte (gemessen wird die Originalsubstanz oder der DOC);
— Entstehung von CO_2 als Endprodukt der Oxidation des Kohlenstoffs der Prüfsubstanz;
— Ermittlung des BSB durch Analyse des Sauerstoffgehalts im Prüfansatz.

Bei allen Methoden wird die Substanz in Flaschen mit den Mikroorganismen (nicht-adaptierte Mischkulturen z.B. aus kommunalen Kläranlagen) beimpft und 28 Tage bei ca. 20 °C im Dunkeln bebrütet. Während der Versuchsdauer wird der entsprechende Parameter in Intervallen gemessen. Die Bewertung der Substanz erfolgt nach graphischer Auswertung [35].

Mit diesen Laborversuchen kann der potentiell mögliche Abbau ermittelt werden, der auch auf die Situation in Kläranlagen, Oberflächengewässern und Böden im Regelfall übertragbar ist. Treten jedoch ungünstige Bedingungen ein – wie z.B. die Sauerstoff-Freiheit in den Sedimenten eutrophierter Gewässer –, so kann auch eine biologisch leicht abbaubare Substanz über Jahre haltbar sein.

Tab. 11: Biologische Abbaubarkeit von Umweltchemikalien (nach [27]).

Präparat	Biologische Abbaubarkeit[*)	Anmerkung
LAS	95–99,95	Primärabbau
	< 50–98	vollständiger Abbau
Benzol	> 90	Abbau in Kläranlagen
DEHP	74–91	
Hexachlorbenzol	0–52	
Atrazin	9–13	
Pentachlorphenol	0–21	
Trichlorethen	0–19	
TCDD		sehr gering
Quecksilber(II)chlorid	0	Schwermetall !

*) Meßwert: Prozentualer Abbau innerhalb von 28 Tagen

2.4.3 Anreicherung von Chemikalien in der Biosphäre

„Die Schadstoffe gelangen nach der Aufnahme durch die Pflanzen direkt oder über das Tier zum Menschen und schließlich wieder zum Boden, wo sie erneut zusammen mit neu zugeführten Schadstoffen von den Pflanzen aufgenommen werden. Aus diesem Kreislauf kommen die nicht abbaubaren Schwermetalle nie mehr heraus. Wenn eine bestimmte Konzentration erreicht ist, wird der Kreislauf durch Vergiftung von Pflanze, Tier oder Mensch unterbrochen" [15].

Damit sich Umweltchemikalien in ökologischen Systemen anreichern können, müssen einige Bedingungen gleichzeitig erfüllt sein:

— Der Stoff muß persistent sein.
— Er muß mobil sein, damit er in die Organismen oder Ökosysteme hineingelangt.
— Im Organismus oder im Ökosysten muß sich eine Senke für den Stoff befinden, d.h. ein Bereich, in dem sich der Stoff ablagern kann (z.B. speichert Fettgewebe chlorierte Kohlenwasserstoffe, Nieren speichern Cadmium).
— Der Stoff muß chemische Eigenschaften aufweisen, die sein Verweilen in den Senken ermöglicht (z.B. gute Fettlöslichkeit = geringe Wasserlöslichkeit) der Kohlenwasserstoffe.
— Der Dampfdruck muß gering sein.
— Der Stoff muß durch den Menschen in einem Maß in ökologische Kreisläufe eingebracht werden, das über das natürliche Vorhandensein der Substanz in den Ökosystemen oder Individuen hinausgeht.
— Die Stoffaufnahme durch das System muß die Stoffreduzierung (durch Ausscheidung oder Abbau) übersteigen.

Es können verschiedene Arten der Anreicherung unterschieden werden ([21], s. a. Abb. 6).

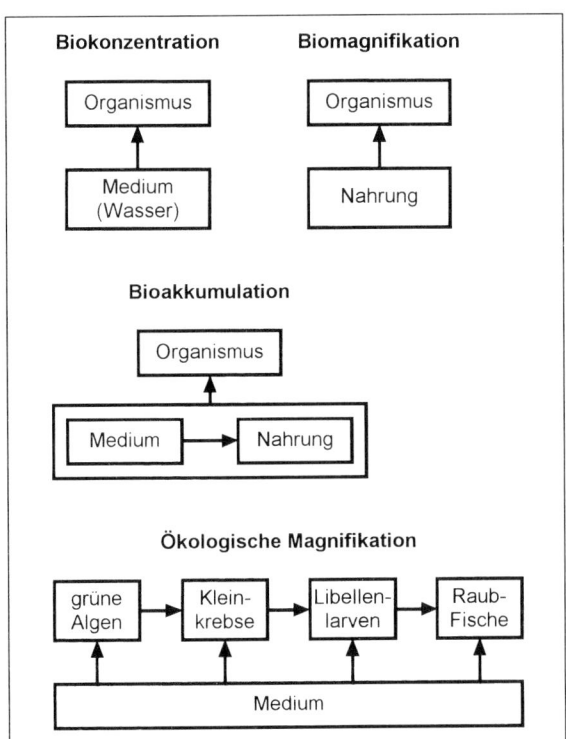

Abb. 6: Anreicherung von Schadstoffen.

Biokonzentration: Die Chemikalie gelangt ohne die Mitwirkung kontaminierter Nahrung aus dem umgebenden Medium (Wasser, Boden, Luft) in den Organismus. Die Aufnahme erfolgt über die äußere Körperoberfläche einschließlich der Atmungsorgane. Bei der Aufnahme von Schwermetallen durch Pflanzen aus dem Boden wird auch von Transfer gesprochen.

Biomagnifikation: Alleinige Schadstoffquelle ist hier die Nahrung; die Aufnahme der Schadstoffe erfolgt über den Magen-Darm-Trakt.

Bioakkumulation: = Biokonzentration + Biomagnifikation.

Ökologische Magnifikation: Darunter wird das Ansteigen der Substanzkonzentrationen mit der trophischen Stufe eines Ökosystems verstanden.

Bei der Auswertung von Fachveröffentlichungen ist Vorsicht geboten: Einige Autoren verwenden die Begriffe anders als durch die angegebenen Definitionen festgelegt.

2.4.3.1 Biokonzentrationsfaktor

Zur Beschreibung der Anreicherung wird der Biokonzentrationsfaktor BCF (**bioc**oncentration **f**actor) ermittelt. Dieser ist eine dimensionslose Zahl; sie ist gegeben durch den Quotienten der Konzentrationen im Organismus und im umgebenden Medium bzw. in der Nahrung. Die Faktoren werden in Versuchsanordnungen ermittelt, in denen in erster Linie Fische, aber auch andere Organismen, in einem Wasserbehälter einer geringen Konzentration des Schadstoffes ausgesetzt werden. Nach einer angemessenen Zeit hat sich ein Gleichgewicht zwischen Aufnahme und Abbau/Ausscheidung eingestellt, und die Fische werden getötet. Der Schadstoffgehalt im Gesamtkörper oder bezogen auf den Fettgehalt wird analysiert und der BCF berechnet.

Ein anderes Verfahren besteht darin, die Schadstoffkonzentration von Wasser und Fischen (und anderen Organismen) aus einem natürlichen Teich zu bestimmen und aus den Analysedaten die BCF-Werte zu berechnen. Da die Anreicherung in einem natürlichen Teich eine Ökologische Magnifikation darstellt, wäre die korrekte (aber unübliche) Bezeichnung „Ökologischer Magnifikationsfaktor". Auch nichtbiologische Vorgänge können zu einer erhöhten Substanzkonzentration in Umweltkompartimenten führen: So lagern sich im Wasser gelöste Schwermetalle schnell an schwebfähige Partikel an und führen so zu erhöhten Konzentrationen in der Schwebstoff- bzw. – nach Ausfällung – in der Sedimentfraktion des Gewässers. Dieser Geoakkumulation genannte Vorgang wird üblicherweise durch KF-Werte (= **K**onzentrierungs**f**aktoren, Berechnung analog zu den BCF-Werten) beschrieben.

Tab. 12: Biokonzentrationsfaktoren von Umweltchemikalien (nach [27]).

Schadstoff	Organismus	von	bis
Hexachlorbenzol	Wasserfloh	200	9.600
	Fisch	375	420.000
	Alge	520	120.000
TCDD	Wasserfloh	49	48.000
	Fisch	550	61.000
	Alge	200	18.000
DEHP	Fisch	114	890
	Wasserfloh	93	5.200
	Alge		5.400
Quecksilber(II)chlorid	Muscheln	1.000	4.000
	Fisch	110	2.460
Trichlorethen	Fisch	14	90
	Alge	1.160	2.600
Pentachlorphenol	Fisch	10	1.050
	Wasserfloh	110	400
	Alge		1.250
LAS	Fisch	0,64	290
	Alge		64
Atrazin	Fisch	0	11
	Wasserfloh	2	11
	Alge	6	100
Benzol	Fisch	< 10	10
	Alge		30

Die ermittelten Werte sind nicht als stoffspezifische Konstanten zu verstehen, sondern variieren sehr stark bei unterschiedlichen Umwelteinflüssen (z.B. in Abhängigkeit von pH-Wert, Wasserverunreinigungen, Temperatur, Jahreszeit). Zur Interpretation sollten deshalb die Rahmenbedingungen der Versuche bzw. der Umweltprobe genauestens berücksichtigt werden.

Tab. 13: Klassifizierung der Biokonzentrations-faktoren (nach [25]).

BCF		Klasse	Bewertung
<	30	I	schwach akkumulierend
30–	100	II	mäßig akkumulierend
100–	1.000	III	hoch akkumulierend
>	1.000	IV	sehr hoch akkumulierend

Die Biokonzentrationsfaktoren für Fische in Laborversuchen, die nach der OECD-Prüfrichtlinie Nr. 305 A-E durchgeführt werden, lassen sich zur Bewertung in Klassen einteilen.

2.4.3.2 Verteilungskoeffizient Oktanol/Wasser (P_{OW})

Der Verteilungskoeffizient zwischen Oktanol und Wasser ist die wichtigste chemisch-physikalische Eigenschaft, die mit den Biokonzentrationsfaktoren (BCF) in Fischen, Muscheln und anderen Wassertieren gut korreliert ist. Mit Hilfe dieses Wertes kann die Neigung einer Substanz, sich in biologischen Systemen anzureichern, sehr gut beschrieben werden.

Ermittlung nach der OECD-Prüfrichtlinie Nr. 107: Zunächst werden die zwei weitgehend nicht-mischbaren Lösungsmittel (n-Oktanol und Wasser zu gleichen Teilen) 24 Stunden lang geschüttelt und dann so lange stehen gelassen, bis eine Phasentrennung erfolgt ist (das leichtere n-Oktanol schwimmt auf dem Wasser). Anschließend wird die Prüfsubstanz in n-Oktanol gelöst und eine genau abgemessene Menge dem Zweiphasensystem zugegeben. Nachdem die Prüfgefäße erneut geschüttelt wurden, erfolgt eine Phasentrennung mit einer Zentrifuge bei Raumtemperatur. Dann werden die Konzentrationen der Substanz im Wasser und im n-Oktanol bestimmt und daraus der Verteilungkoeffizient als dimensionslose Größe errechnet. Die hydrophilen polaren Substanzen werden sich vorzugsweise im Wasser lösen, im n-Oktanol verbleiben die lipophilen unpolaren Substanzen.

Tab. 14: Verteilungskoeffizient Oktanol-Wasser von Umweltchemikalien (nach [27])

Präparat	log P_{OW}
DEHP	7,48
TCDD	6,76
Hexachlorbenzol	5,8
Pentachlorphenol	5,24
Trichlorethen	3,03
Atrazin	2,58
Benzol	2,12
LAS	1,96
Quecksilber(II)chlorid	0,26

Der Verteilungskoeffizient P_{OW} entspricht dem Quotienten $c_{Oktanol} : c_{Wasser}$. Üblicherweise wird sein Zehnerlogarithmus (log P_{OW}) angegeben. In neueren Veröffentlichungen wird vom K_{OW} gesprochen; es handelt sich dabei jedoch um den gleichen Koeffizienten.

Bei der Bewertung von Stoffen nach dem Chemikaliengesetz werden nur 2 Klassen unterschieden: Ein log P_{OW} > 2,7 ist ein Hinweis auf ein Bioakkumulationspotential, er entspricht erfahrungsgemäß einem Biokonzentrationsfaktor von 50 [25]. Bei der Einstufung von Stoffen als „umweltgefährlich" für den aquatischen Bereich wird ein log P_{OW} = 3,0 als ein Hinweis auf Bioakkumulation interpretiert [35], und auch ein log P_{OW} > 3,5 (entspricht BCF 300) wird als Kriterium der Akkumulationsgefahr bei der Schnelleinstufung von Chemikalien genannt [24].

2.5 Toxikologische Untersuchungen

Das gesamte Spektrum der Toxikologie kann in dieser Einführung nicht behandelt werden. Für vertiefende Studien sei auf die zahlreichen toxikologischen Lehrbücher verwiesen. Die Wirkung von Umweltchemikalien auf den Menschen wird besonders in den Lehrbüchern von Classen [6] und Daunderer [8] behandelt.

In den folgenden Abschnitten sollen einige wichtige Parameter besprochen werden, die einen ersten Eindruck von der Gefährlichkeit einer chemischen Substanz vermitteln und bei der Bewertung im Rahmen u. a. des Chemikaliengesetzes eine wichtige Rolle spielen. Die Methoden zur Ermittlung der Parameter sind in der Stoffrichtlinie der EG (Richtlinie 67/548/EWG zur Angleichung der Rechts- und Verwaltungsvorschriften für die Einstufung, Verpackung und Kennzeichnung gefährlicher Stoffe in der Fassung der Richtlinie 92/32/EWG des Rates vom 30. 04. 1992) genau beschrieben. Die Beurteilung einer konkreten Vergiftung durch Umweltchemikalien muß auf jeden Fall von einem Spezialisten vorgenommen werden!

Parameter und Fragestellungen im Überblick:

– Akute Giftigkeit:
  Tödliche Wirkung nach einmaliger Verabreichung innerhalb einer kurzen Zeit.
– Akute Reizwirkung:
  Haut- und Augenreizung, Hautsensibilisierung (Allergie).
– Subakute Giftigkeit:
  Welche Vergiftungssymptome treten nach einmaliger Verabreichung auf?
– Chronische Giftigkeit:
  Wieviel vertragen die Tiere bei lebenslanger Verabreichung, ohne Schaden zu nehmen?
– Mutagenität:
  Wird die Erbsubstanz geschädigt?

- Kanzerogenität:
  Entsteht nach Verabreichung der Substanz Krebs?
- Reproduktionstoxizität:
  Kommt es zu Schäden im gesamten Fortpflanzungszyklus?
- Epidemiologie:
  Liegen epidemiologische Erkenntnisse über den Zusammenhang zwischen Schadstoffexposition und Erkrankung vor?

Die genaue Darstellung der verwendeten Untersuchungsmethoden und vor allen Dingen der für die wissenschaftliche Auswertung notwendigen statistischen Methoden würde den Rahmen dieser Einführung sprengen. Mehr als das den jeweiligen Methoden zugrundeliegende Prinzip kann deshalb nicht erläutert werden.

Toxikologische Untersuchungen erfolgen an biologischen Testsystemen (Versuchstieren, Zellkulturen, Enzympräparaten), für den Bereich der Chemikalienbewertung vorzugsweise an der Laborratte. Die 250 g (Weibchen) bis 500 g (Böcke) schweren Tiere haben eine Lebenserwartung von 2,5 bis 3, maximal 4,5 Jahren. Verwendet werden weiße Tiere (Albinos) aus Koloniezuchten; zur Auswahl stehen weit über 100 verschiedene Zuchtstämme, wobei die Wistar- und die Sprague-Dawley-Ratten am häufigsten verwendet werden. Ratten haben gegenüber dem Menschen einen 4- bis 7mal größeren Energieumsatz und eine 6fach erhöhte Atem- und Pulsfrequenz. Diese deutlichen Stoffwechselunterschiede bedingen, bei der Übertragung der Tierversuchs-Ergebnisse auf den Menschen, die Einführung von Sicherheitsfaktoren (s. Abschnitte 2.5.4 „Chronische Toxizität" und 4.1.1 „Grenzwerte").

Damit Infektionen vermieden werden und die Ergebnisse reproduzierbar sind, herrschen in den Versuchsanlagen Bedingungen, die denen in sterilen Operationssälen vergleichbar sind. Die Raumtemperatur beträgt 22 bis 24 °C, die Luftfeuchte 50 bis 60 % bei 11- bis 16maligem Luftwechsel je Stunde. Der Tagesrhythmus wird künstlich gesteuert: von 8 bis 20 Uhr ist es hell mit einer Beleuchtungsintensität von 50 bis 100 Lux. In Langzeitstudien erhalten die Tiere rückstandsarmes Futter, das ohne Pestizid-Einsatz angebaut wurde.

Bei einem Teil der nachfolgend beschriebenen Versuche kommt es für die Versuchstiere zu unvorstellbaren Qualen, z. B. bei der Ermittlung der akuten tödlichen Giftwirkung. Dieser Aspekt ist bei der Beschreibung der Tierversuche nicht berücksichtigt. Es wurde vielmehr angestrebt, diese Experimente so zu beschreiben, daß die Aussagekraft und die Unsicherheiten bei der Übertragung auf Mensch und Ökosystem deutlich werden. Dadurch könnte fälschlicherweise der Eindruck entstehen, daß noch mehr Tierversuche nötig sind, um ein besseres Bild von der Belastung unserer Umwelt mit toxischen Stoffen zu erhalten.

Für die meisten Fragestellungen hält der Autor jedoch Tierversuche für vermeidbar, wenn eine weitreichendere Prüfung der Notwendigkeit derartiger Experimente durchgeführt würde. Diese Prüfung müßte über die gegenwärtige Praxis in den Tierschutzkommissionen weit hinausgehen. So müßte z. B. beim Testen neuentwickelter Substanzen, deren ökologisches und toxikologisches Gefährdungspotential nicht bekannt ist, nachgewiesen werden, daß sich aus dem Einsatz dieser Substanz deutliche Vorteile gegenüber der Verwendung einer der vielen Chemikalien, die bereits in Tierversuchen getestet worden sind, ergeben. Dies würde bedeuten, daß vor der beabsichtigten Verwendung bereits eine Produktlinien-Analyse (s. Abschnitt 2.2.3) durchzuführen wäre.

Weiterhin könnte der Tierverbrauch eingeschränkt werden, wenn Ersatzversuche entwickelt und in Zulassungsverfahren auch anerkannt werden würden. Einen weiteren Einspareffekt könnte die Pflicht zur Veröffentlichung aller Tierversuchsdaten ergeben, da bisher die Ergebnisse der Experimente dem Auftraggeber „gehören". Wird z. B. für ein Pestizid die Zulassung beantragt, so müssen umfangreiche toxikologische Daten ermittelt werden, die nach Ende des Zulassungsverfahrens als vertrauliche Dokumente unter Verschluß gelagert werden.

2.5.1 Akute Toxizität

Zur Ermittlung der akuten Giftigkeit wird die Testsubstanz einmalig oder über einen kurzen Zeitraum verabreicht und die tödliche (letale) Wirkung innerhalb einer bestimmten Zeitspanne registriert. Die Testsubstanz wird über den Magen (oral), über die Atmung (inhalativ) oder über die Haut (dermal) zugeführt. Es werden mindestens 3 Gruppen mit je 5 weiblichen und 5 männlichen Tieren – üblicherweise Laborratten, aber auch Hamster, Kaninchen, Hunde – gebildet. Jede Gruppe erhält eine bestimmte Menge (Dosis) der Testsubstanz mit einer Schlundsonde in den Magen verabreicht oder auf die Haut gepinselt und dort für 24 Stunden unter einem Verband belassen, oder aber das Tier muß für 4 Stunden mit Testsubstanz konta-

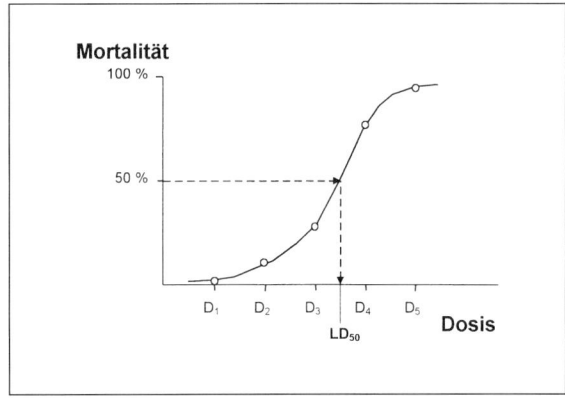

Abb. 7: Graphische Ermittlung der LD_{50}.

Tab. 15: Akute Giftigkeit von Umweltchemikalien (nach [27]).

Präparat	LD$_{50}$ (Ratte, männlich, oral) (mg/kg Körpergewicht)	
DEHP	31 000	
Trichlorethen	4 400–	7 200
Benzol	3 800–	6 500
Atrazin	840–	3 080
LAS	650–	1 260
Pentachlorphenol	50–	490
Quecksilber(II) chlorid	37	
Hexachlorbenzol	32–> 10 000	
TCDD	0,02–	0,1

14 Tagen Beobachtungszeit werden die toten Tiere in den einzelnen Gruppen nach Geschlecht getrennt gezählt. Aus der graphischen Darstellung kann die LD$_{50}$ für orale und dermale (bzw. die LC$_{50}$ für inhalative Verabreichung) ermittelt werden.

Die LD$_{50}$ ist die Dosis (bzw. LC$_{50}$ die Konzentration), bei der theoretisch 50 % der Tiere gestorben wären. Die Angabe erfolgt in mg Wirkstoff/kg KG (= Körpergewicht) des Versuchstieres. Ausgehend von der Annahme, daß die Giftwirkung von der Konzentration des Schadstoffes im Gewebe abhängt, kann mit diesen Werten durch Multiplikation mit dem Körpergewicht diejenige Menge berechnet werden, die mit 50 %iger Wahrscheinlichkeit zum Tode führt.

minierte Luft atmen. Die Dosierungen bzw. die Konzentration der Atemluft sind so zu wählen, daß sie sich durch einen konstanten Faktor unterscheiden und den gesamten Bereich für die spätere Klassifizierung abdecken. Nach

Während des Versuchs werden die Vergiftungssymptome (Krämpfe, Atemstörungen, Verhaltensänderungen etc.) beobachtet und nach Versuchsende die gestorbenen bzw. getöteten Tiere seziert und auf innere Schädigungen hin unter-

Tab. 16: Klassifizierung der akuten Toxizität gemäß der Gefahrstoffverordnung.

	LD$_{50}$ oral mg/kg KG	LD$_{50}$ dermal mg/kg KG	LC$_{50}$ inhalativ mg/l/4 RE>h
sehr giftig	< 25	< 50	> 0,5
giftig	25– 200	50– 400	0,5– 2
mindergiftig	200–2 000	400–2 000	2,0–20
ungiftig	> 2 000	> 2 000	< 20

sucht. Man erhält so Hinweise auf das akute Vergiftungsbild, die Zielorgane und den Vergiftungsmechanismus.

Anhand der LD_{50} können die Substanzen in Klassen eingeteilt werden. Nach der Gefahrstoffverordnung folgt aus der Klassenzugehörigkeit eine Kennzeichnungspflicht.

2.5.2 Reizwirkung auf Haut und Auge, allergische Reaktionen

Die Hautreizung einer Substanz wird vorzugsweise am Albino-Kaninchen ermittelt. 24 Stunden vor dem Versuch wird das Rückenfell geschoren, sodann werden 0,5 ml oder 0,5 g der Testsubstanz auf 6 cm² Hautfläche aufgetragen, für 4 Stunden unter einem Verband belassen und anschließend schonend entfernt. Über maximal 14 Tage wird die Hautreaktion (Rötung, Schorfbildung, Ödeme) beobachtet.

Am gleichen Versuchstier kann auch die Augenreizung untersucht werden: 0,1 ml oder 0,1 g der Substanz werden in den Bindehautsack eines Auges appliziert. Während der Beobachtungszeit von maximal 21 Tagen wird das Auge auf Veränderungen untersucht. Dauern die Hautentzündungen oder Augenschädigungen länger als 24 Stunden an, so folgt eine Kennzeichnungspflicht gemäß Gefahrstoffverordnung.

Tab. 17: Haut- und Augenreizung durch Umweltchemikalien (nach [27]).

Präparat	Haut-reizung	Augen-reizung
Atrazin	–	–
Benzol	+	+
DEHP	(+)	(+)
Hexachlorbenzol	–	–
LAS	+	+
Pentachlorphenol	+	+
Quecksilber(II)chlorid	+	+
TCDD	+	
Trichlorethen	+	+

+ Reaktion vorhanden, (+) schwache Reaktion,
– keine Reaktion

Die Sensibilisierung der Haut (= immunologische Hautreaktion) wird am Albino-Meerschweinchen untersucht. Zunächst wird die zu untersuchende Allergie induziert: Den Tieren wird im Schulterbereich das Fell geschoren und rasiert, sodann werden 0,1 ml der Prüfsubstanz in die Haut gespritzt. Nach 7 Tagen wird erneut geschoren und die Prüfsubstanz für 48 Stunden unter einem Verband auf die Haut aufgetragen. Nach 21 Tagen erfolgt die Auslösung der Allergie: Den Tieren wird die Flanke geschoren, die Prüfsubstanz 24 Stunden lang aufgetragen und 48 bzw. 72 Stunden nach Beginn der Auslöseexposition die Hautreaktion bewertet. Bei Vorliegen positiver Ergebnisse muß der Stoff gemäß Gefahrstoffverordnung gekennzeichnet werden.

Was ist eine Allergie? Beim Erstkontakt mit einer allergenen Substanz treten keine körperlichen Symptome auf, das Immunsystem produziert jedoch substanzspezifische Antikörper (s. Abb. 8). Erfolgt erneut ein Kontakt mit derselben Substanz (jetzt Antigen genannt), kommt es zur Antigen-Antikörper-Reaktion mit allergischen Symptomen: z.B. Quaddeln am gesamten Körper, Schwellungen, Erbrechen, Durchfall, fließende Nase, Niesanfälle.

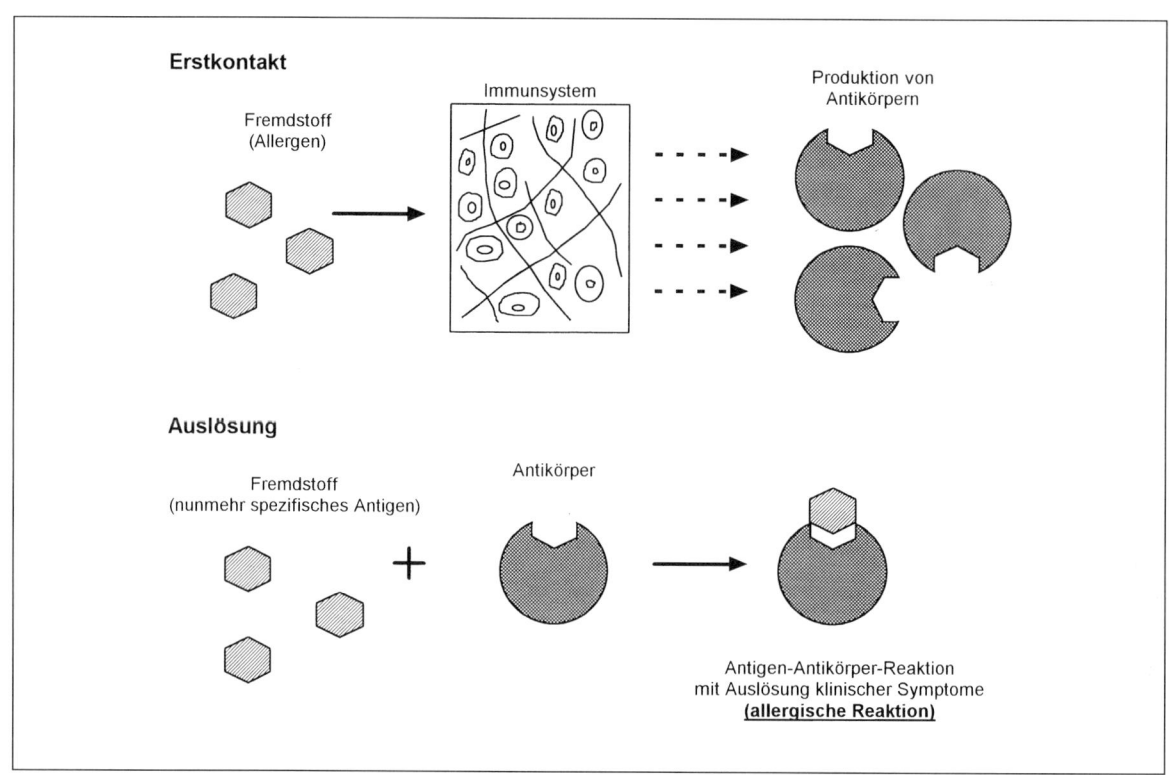

Abb. 8: Entstehung von Allergien (nach [26], verändert).

Tab. 18: Vergiftungssymptome von Umweltchemikalien (nach [27]).

Präparat	Symptome
Atrazin	nicht beobachtbar
Benzol	Knochenmarksschädigung
	Blutgift
DEHP	Zystenbildung in Nieren
	erhebliche Wirkung bei
	hoher Dosis
Hexachlorbenzol	Leberschädigung
	Hautkrankheit
	neurotoxische Symptome
LAS	nicht beobachtbar
Pentachlorphenol	Leber- und Nieren-
	schäden
	Akne
	Schwäche der Beinmusku-
	latur
	psychopathologische
	Störungen
	chronische Bronchitis
Quecksilber(II)-	Nierenschäden
chlorid	Stoffwechselstörungen
	Hirnschäden
	Membranschäden
TCDD	Chlorakne
Trichlorethen	Leberschädigung
	Schädigung des Zentral-
	nervensystems
	Verhaltensverände-
	rungen

2.5.3 Subakute (subchronische) Toxizität

Mehrere Versuchstiergruppen (je 5 männliche und 5 weibliche Laborratten) werden täglich mit abgestuften Dosen der Prüfsubstanz behandelt. Die höchste Dosis sollte gerade so groß sein, daß die Tiere noch überleben, die kleinste sollte keine sichtbaren toxischen Effekte hervorrufen. 28 Tage lang werden die Tiere beobachtet und die Vergiftungssymptome registriert (Art, Zeitpunkt, Grad, Dauer). Nach dem Versuchsende werden die Tiere getötet, seziert und makroskopisch, mikroskopisch sowie chemisch (Blutparameter) untersucht. In einer gesonderten Gruppe kann die Exposition nach 14 Tagen beendet und die Reversibilität, das Fortbestehen oder das verzögerte Auftreten der Effekte beobachtet werden. Aus diesen Untersuchungen resultieren Kenntnisse über die Art der toxischen Prozesse und die Zielorgane der Prüfsubstanz.

2.5.4 Chronische Toxizität

Das Kernstück der Beurteilung einer Prüfsubstanz bilden Langzeituntersuchungen, deren Grundstrukturen kurz erläutert werden: Es werden bevorzugt junge Ratten eingesetzt, pro Konzentrationsstufe je 50 bis 70 männliche und weibliche Tiere, die gerade von den Müttern abgesetzt wurden. Die Versuche sollen das gesamte Leben der Tiere umfassen, werden aber aus methodischen Gründen nach 2 Jahren beendet. Die Konzentrationsstufen orientieren sich an den Ergebnissen der vorausgegangenen Versuche zur akuten und subakuten Toxizität: Die kleinste soll gerade noch keinerlei und die größte nur schwache toxische Effekte nach lebenslanger Aufnahme der Prüfsubstanz bewirken.

Zwischen diese beiden Stufen wird mindestens eine weitere Dosierung gelegt. Die Prüfsubstanz wird während der gesamten Versuchsdauer mit dem Futter oder dem Trinkwasser verabreicht.

Das Versuchsziel ist die Ermittlung derjenigen Dosis, die gerade noch keine toxischen Effekte auf die Versuchstiere hat. Dazu werden folgende Parameter untersucht:

- Allgemeinverhalten;
- Tumorbildung;
- Körpergewicht und Futterverbrauch (alle 1 bis 2 Wochen);
- Blut- und Urinwerte (alle 3 bis 6 Monate;
- nach Versuchsende und Abtöten der Tiere: Gewichte der einzelnen Organe, Tumore, mikroskopische Untersuchungen der Organe.

Statistisch abgesicherte Abweichungen gegenüber einer Kontrollgruppe werden zur Auswertung herangezogen: Als NEL (**n**o **e**ffect **l**evel, gebräuchlicher ist heute der synonyme NOEL = **n**o **o**bserved **e**ffect **l**evel) wird diejenige Sub-stanzmenge angegeben, die bei lebenslanger Aufnahme durch die Tiere gerade noch keine beobachtbaren Effekte bewirkte. Da durch die Stoffe mitunter auch positive Effekte ausgelöst werden können – denkbar wäre z. B. eine geringere Krebsrate gegenüber der Kontrollgruppe –, wird von einigen Autoren der NAEL (**n**o **a**dverse **e**ffect **l**evel = Dosis ohne widrigen Effekt) genannt.

Die in diesen Versuchen gewonnenen Daten werden für weitergehende Berechnungen bei der toxikologischen Grenzwertfestlegung eingesetzt (Näheres dazu in Abschnitt 4.1.1).

Substanzen, die bei den behandelten Tieren gegenüber den Kontrollen eine statistisch abgesicherte höhere Tumorrate ergeben haben, sind als potentielle krebserzeugende Stoffe (Karzinogene) anzusehen. Allerdings ist ein negatives Ergebnis in diesen Untersuchungen noch kein Beleg für das Fehlen eines krebserzeugenden (karzinogenen) Potentials (s. a. Abschnitt 2.5.6).

2.5.5 Mutagenität

Die Wechselwirkung chemischer Stoffe mit den Erbanlagen des Menschen hat besondere Bedeutung bei der Bewertung, da als Folge geschädigter Gene Fruchtbarkeitsstörungen, Tod des Embryos, Mißbildungen und Erbkrankheiten unterschiedlichen Schweregrades her-

Tab. 19: Chronische Giftigkeit von Umweltchemikalien (nach [27]).

Präparat	Versuchsdauer d = Tage a = Jahre	NOEL (Ratte, oral; mg/kg Körpergewicht)
Atrazin	?	8
	28 d	< 30
Benzol	28 d	< 80
	28 d	< 110
DEHP	1 a	60 Hund
	2 a	98
Hexachlorbenzol	28 d	< 440
	28 d	< 300
LAS	?	80 kein Effekt
	33 d	125–800 geringeres Gewicht
	2 a	200
Pentachlorphenol	?	3–10
	28 d	30
TCDD	?	0,000.01
Trichlorethen	28 d	400

vorgerufen werden können. Die genetischen Informationen liegen nicht nur in den Chromosomen der Keimzellen, sondern alle Körperzellen sind gleichermaßen damit ausgestattet. Jedoch nur bei Beeinträchtigung der Keimzellen kann es zu mutagenen Schäden kommen. Werden Körperzellen genetisch verändert, besteht die Gefahr der Krebsentstehung (vgl. Abschnitt 2.5.6).

Es werden drei Mutationstypen unterschieden:

– Genommutation: Es wird die Anzahl der Chromosomen erhöht oder erniedrigt (kann im Mikroskop erkannt werden).
– Chromosomenmutation: Die Chromosomen zeigen in der Metaphase deutliche Veränderungen: Strangbrüche, Ringchromosomen, Strangaustauch (mikroskopisch erkennbar).

– Genmutation (auch als Punktmutation bezeichnet): Es erfolgt die mikroskopisch nicht sichtbare Veränderung der Reihenfolge der Basen der Nukleinsäuren (nur nachweisbar über Effekte, die durch die Veränderung herbeigeführt werden).

Zur Untersuchung der Genom- und Chromosomenmutationen wird den Versuchstieren (Ratten, Mäuse, Chinesische Hamster) die maximal verträgliche Menge der Prüfsubstanz mit und ohne Leberenzyme (Stoffwechselaktivierung) verabreicht. Nach 6, 24 und 48 Stunden werden jeweils 5 männliche und 5 weibliche Tiere mit Colchicin (Zellteilungsgift) behandelt (dadurch werden die mikroskopisch sichtbaren Metaphasen der Chromosomen angereichert) und anschließend getötet. Das Knochenmark wird aus den Oberschenkeln herausgespült: Die Knochenmarkszellen werden präpariert, angefärbt und auf Chromosomenveränderungen untersucht.

Ein anderes Verfahren verwendet statt der Tiere nur deren Zellen, die in Kultur vermehrt werden. Neben etablierten Zell-Linien können auch Primärkulturen verwendet werden, z. B. Knochenmarkszellen des Chinesischen Hamsters oder menschliche Lymphozyten.

Mit dem Ames-Test werden Genmutationen erkannt: Mikroorganismen (Salmonellen, *Escherichia coli*, Hefen, Pilze) mit einem genetischen Defekt, durch den die Synthese der Aminosäure Histidin verhindert wird, wachsen nur noch, wenn von außen Histidin zugeführt wird. Diese Mutanten werden mit und ohne Leberhomogenate und Prüfsubstanz 48 Stunden bei 37 °C in einem Histidin-Mangelmedium bebrütet. Nur die Rückmutationen zur Histidin-Unabhängigkeit können auf dem Histidin-Mangelmedium wachsen und Kolonien bilden. Der Vergleich mit einer Kontrolle ergibt Hinweise auf Punktmutationen. Dieser Vortest ist nicht unbedingt auf Tiere übertragbar.

Neben den 3 skizzierten Methoden existieren noch zahlreiche andere Verfahren. Es bleibt nicht aus, daß bei einer großen Anzahl von Untersuchungen positive, indifferente und negative Ergebnisse mit derselben Prüfsubstanz ermittelt werden. In der Praxis setzen sich deshalb immer mehr „Test-Batterien" von verschie-

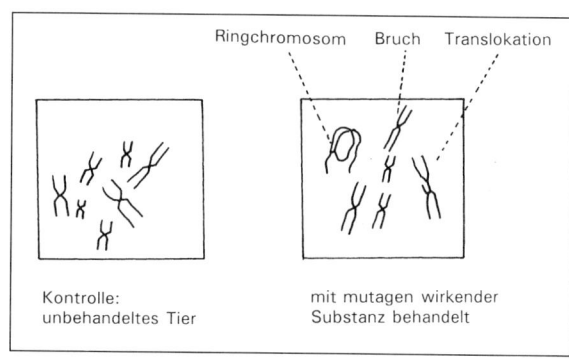

Abb. 9: Chromosomenmutationen.

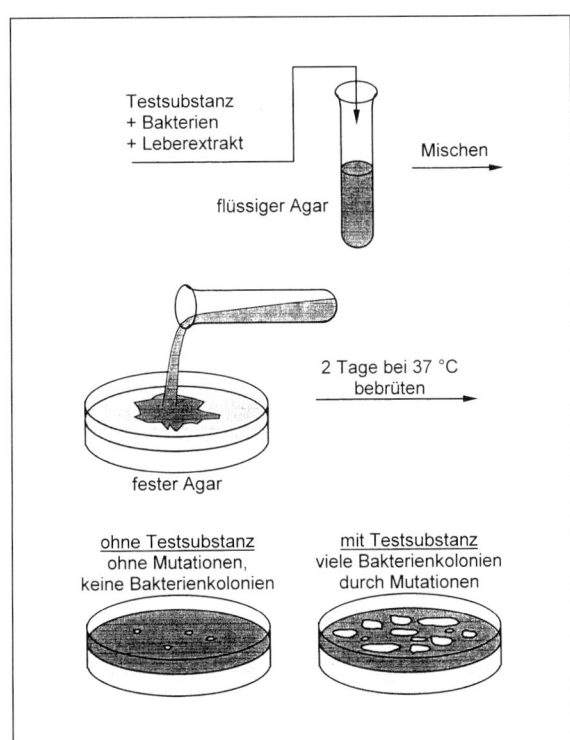

Abb. 10: Ames-Test.

denen Gentoxizitätstests durch. Ob eine Substanz tatsächlich erbgutverändernde Eigenschaften besitzt, kann nur nach wissenschaftlicher Bewertung aller bekannten Testergebnisse entschieden werden. Aus einer einzigen Untersuchung z.B. mit dem Ames-Test mit positivem Ergebnis kann nur ein Anfangsverdacht auf Mutagenität abgeleitet werden.

2.5.6 Krebserzeugende Wirkungen

Das Wort „krebserzeugend" wird synonym mit karzinogen, kanzerogen, onkogen und blastomogen verwendet; die krebserzeugenden Stoffe werden als Karzinogene oder Kanzerogene bezeichnet. Die bösartigen Wucherungen tragen Namen wie Tumore, Neubildungen, bösartige Geschwulste, Karzinome, Sarkome oder Krebs ([6], [33]).

Auch wenn die Entstehung von Krebs noch nicht endgültig entschlüsselt ist und viele zum Teil widersprüchliche Theorien existieren, gibt es doch eine Reihe von Übereinstimmungen:

– Der erste Schritt der Krebsentstehung ist eine Veränderung der genetischen Information einer Körperzelle. Dann folgt eine Latenzzeit von 15 bis 25 (beim Menschen 5 bis 40) Jahren). Beginnt die Zelle mit dem ungeregelten Wachstum, ist die letzte Phase, die Tumormanifestation, eingetreten. Das Wachstum ist nicht mehr von der Anwesenheit der karzinogenen Substanz abhängig.
– Die meisten Tumore sind aus einer einzigen Zelle hervorgegangen und mit einer erhöhten Chromosomenzahl ausgestattet.
– Die Zellen teilen sich – auch in der Zellkultur – unbegrenzt weiter. Normale Körperzellen teilen sich in Kultur maximal 50mal.
– Die Krebszellen wachsen invasiv in gesundes Gewebe hinein; abgesprengte Zellen bilden Tochtergeschwulste (Metastasen).

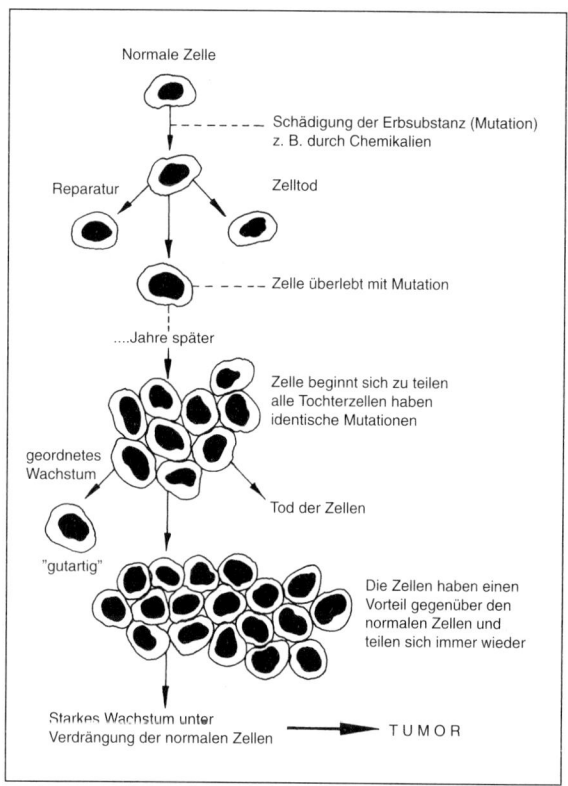

Abb. 11: Entstehung von Krebs (nach [34]).

mutagener, jedoch kein krebserzeugender Effekt nachgewiesen (PCP, Quecksilber(II)chlorid). Mutagenität kann also nur ein Anfangsverdacht für eine Karzinogenität der Substanz sein. Auf der anderen Seite existert eine Reihe von Substanzen, die zwar Krebs auslösen, aber keine mutagenen Effekte zeigen. In diese Gruppe gehören z.B. der Asbest, der zu Lungenkrebs führen kann, aber nicht mutagen ist, sowie das Benzol, das am Eintrittsort in den Organismus (Haut oder Lunge) krebserzeugend wirkt. Beide Stoffe gelangen nicht zu den Keimzellen und wirken deshalb nicht erbgutverändernd.

Nicht jedes außergewöhnliche Wachstum von Zellen ist ein bösartiger Tumor: Warzen oder Hornhaut sind alltägliche Beispiele für harmlose Wucherungen. Nur die bösartigen Wucherungen führen zur Zerstörung gesunden Gewebes.

Wegen der langen Latenzzeit müssen Tierversuche zur Untersuchung des krebserzeugenden Potentials chemischer Stoffe als Langzeitversuche – bei Nagetieren bis zu 30 Monate – konzipiert sein. Die Durchführung erfolgt analog der Untersuchung der chronischen Toxizität, wobei jedoch Tierstämme eingesetzt werden, die eine besonders hohe Spontanmutationsrate haben. Die Substanzkonzentrationen werden bis zur maximal verträglichen Dosis gestaffelt. An Ergebnissen erhält man Informationen über Krebsart, betroffene Organe und Konzentration.

Bei mutagenen Substanzen liegt die Vermutung nahe, daß sie nicht nur Keim-, sondern auch Körperzellen in ihrer genetischen Information verändern können und demzufolge Mutagene auch Karzinogene sein sollten. Diese Annahme hat jedoch in der Praxis keine Bestätigung gefunden. Für etliche Substanzen ist nur ein

Bei diesen Versuchen wird der statistische Zusammenhang zwischen der verabreichten Konzentration und der Anzahl der betroffenen Individuen ermittelt. Zur Zeit geht die Wissenschaft davon aus, daß es für krebserzeugende Substanzen keine Schwellendosis gibt, unterhalb der es nicht mehr zu einer Tumorbildung kommt – lediglich die Wahrscheinlichkeit des Auftretens wird mit kleinerer Konzentration geringer. In der Konsequenz sollen krebsauslösende Substanzen soweit wie technisch möglich vom Menschen fern gehalten werden.

Einige Stoffe sind selbst nicht krebsauslösend, erhöhen jedoch durch ihre Anwesenheit die Anzahl der Krebsfälle. Solche Substanzen wer-

Tab. 20: *Kanzerogenität von Umweltchemikalien (nach [27]).*

Präparat	kanzerogen für Mensch	kanzerogen für Tier
Benzol	+	+
Hexachlorbenzol	+	+
TCDD	+	+
Trichlorethen		+
DEHP		+
LAS		−
Pentachlorphenol		−
Quecksilber(II) chlorid	−	−
Atrazin	?	?

den Promotoren (oder Cokarzinogene) genannt. (Im Gegensatz zu diesen Promotoren wird die eigentliche krebserzeugende Substanz als Initiator bezeichnet.) Ein Promotor bewirkt üblicherweise eine vorübergehende Steigerung der Zellteilungsrate. Dieser Effekt, der auch durch Verletzungen, Verätzungen oder Geschwüre (beispielsweise der Magenschleimhaut) ausgelöst wird, scheint die Ursache der krebsfördernden Wirkung zu sein. Promotoren sind unterhalb einer Schwellendosis wirkungslos.

2.5.7 Reproduktionstoxizität

Unter diesem Begriff werden die Giftwirkungen auf alle Phasen der Vermehrung von Mensch und Tier zusammengefaßt. Diese Wirkungen werden noch unterteilt in die Fertilitätstoxizität (Einwirkungen auf Keimzellenreifung, Freisetzung und Transport reifer Keimzellen, Kopulation, Befruchtung, Zellteilung, Einnistung, Plazentation) und den Zeitraum, in dem teratogene Schäden (Schädigung des Embryos und des Säuglings) auftreten:

Die Reproduktionsstudien werden hauptsächlich an Nagern (vor allem an Ratten und Mäusen, seltener an Kaninchen) durchgeführt. Die Beeinträchtigung der Fertilität wird ermittelt, indem geschlechtsreifen Tieren mehrere Wochen vor der Paarung die Prüfsubstanz appliziert wird und in der Folgezeit alle Parameter beob-

Tab. 21: Reproduktionstoxizität von Umwelt-chemikalien (nach [27]).

Präparat	Beeinträch-tigung der Fertilität	teratogen
TCDD	+	+
Quecksilber(II)-chlorid		+
Benzol		+
DEHP		+
Pentachlorphenol		+/-+
Trichlorethen		(+)
LAS		(+)/-
Atrazin		−
Benzol		−

+ – toxisch, (+) = schwach toxisch,
− nicht toxisch

achtet werden, die mit der Reproduktion in Zusammenhang stehen, z. B. Anzahl, Beweglich-keit und Formabweichungen der Spermien, Anzahl und Erfolg der Kopulationen, Kopula-tionsverhalten, Deformierung der Genitalor-gane, Anzahl der Nachkommen. Bei der Unter-suchung der Teratogenität wird die Prüfsubstanz trächtigen Tieren verabreicht. Ermittelt werden Anzahl, Geschlecht und Gewicht der Nachkom-men, Zahl und Gewicht toter Foeten, Häufigkeit der Mißbildungen. In sehr aufwendigen Multi-generationstests können schließlich auch kumu-lative Effekte auf das Reproduktionsverhalten erkannt werden. Daher werden die Auswirkun-gen der Prüfsubstanz über (maximal) 4 Genera-tionen beobachtet.

2.5.8 Epidemiologie

Die Epidemiologie beschäftigt sich mit der Ver-teilung von Krankheitshäufigkeiten, um Aussa-gen über die Gründe für bestimmte Erkrankun-gen machen zu können. Mit statistischen Methoden werden Zusammenhänge zwischen Erkrankungen und z. B. der Intensität der Expo-nierung mit einem Umweltschadstoff beschrie-ben. Typische Fragestellungen sind:

- Gibt es in Städten mehr Erkrankungen der Atemwege?
- Gibt es mehr Magenkrebs in Gegenden mit hohem Nitratgehalt im Trinkwasser?
- Ist die Blutkrebshäufigkeit in der Umgebung von Kernkraftwerken erhöht?

Die Epidemiologie bedient sich der Methoden der Statistik, womit zunächst einmal geprüft wird, ob Unterschiede in der Krankheitshäufig-keit als ausreichend sicher angenommen wer-den können. In einem zweiten Schritt muß dann überprüft werden, ob der postulierte ursächli-che Zusammenhang zwischen Krankheitsauslö-ser und Krankheitshäufigkeit tatsächlich be-steht. Epidemiologische Studien führen immer nur zur Feststellung von Korrelationen, niemals zum Nachweis der Kausalität!

Zwei grundsätzliche Arbeitstechniken sind zu unterscheiden:

Fall-Kontroll-Studien: Dabei wird von bereits erkrankten Personen ausgegangen. Ziel der Untersuchungen ist die Erfassung der ursächlichen Faktoren. Es wird rückblickend (retrospektiv) gearbeitet. Dabei erfolgt ein Vergleich mit einer Kontrollgruppe, die sich durch nichts anderes als das Fehlen der Krankheit (oder der Beschwerden) unterscheidet.

Prospektive Studien: Es werden beliebige Bevölkerungsgruppen nach Zufallsmethoden ausgewählt, die sich statistisch nur in einem Merkmal unterscheiden (z. B. Raucher/Nichtraucher). Dann wird kontrolliert, ob dieses Merkmal zu Erkrankungen führt. Die Methode ist in die Zukunft gerichtet.

Fehlermöglichkeiten:

a) Zufällige Fehler:
   Variabilität biologischer Parameter: Bei Statistiken wird eine Irrtumswahrscheinlichkeit (p) von 5 % zugrunde gelegt, d. h. bei 20 Parametern, die in 2 identischen Kollektiven gemessen wurden, ist einer zufällig statistisch signifikant ($p < 0,05$) unterschiedlich.

b) Systematische Fehler:
   - Vorurteile des Untersuchenden (besonders bei Fall-Kontroll-Studien);
   - Befragungssituation Erkrankter und Gesunder ist unterschiedlich;
   - Selektionen, geringe Beteiligung oder Ausfälle können die Stichprobe oder Vergleichsgruppe beeinflussen, d. h. sie sind nicht mehr rein zufällig entstanden.

Störfaktoren:
Diese Faktoren sind mit dem zu untersuchenden Einflußfaktor und der Krankheitserscheinung verknüpft. So kann man z. B. fragen:

   - Führt Kaffeekonsum zum Krebs?
     Da Kaffeetrinker auch häufiger Zigarettenraucher sind und der Tabakkonsum kausal mit Krebsentstehung verknüpft ist, würde eine statistische Untersuchung beeinflußt werden.

Statistiken liefern zunächst nur die Wahrscheinlichkeit eines Zusammenhangs zwischen einem Schaden und einer möglichen Ursache. Tritt in der Umgebung einer Fabrik statistisch signifikant häufiger eine bestimmte Krankheit auf und kann in Laborversuchen nachgewiesen werden, daß durch eine Substanz, die in der Fabrik verarbeitet wird, diese Krankheit ausgelöst wird, so ist es nur wahrscheinlich, daß die Fabrik die Ursache der Erkrankung ist. Möglich wäre auch ein bis jetzt noch unbekannter Einfluß auf die untersuchte Bevölkerungsgruppe, beispielsweise eine geologisch bedingte Spurenverunreinigung des Trinkwassers, Ferntransport von Schadstoffen aus anderen Fabriken, unbekannte Altlasten, illegale Verbrennung verunreinigter Lösemittel in einer nahegelegenen Schreinerei.

Leider hinterlassen die wenigsten Umweltchemikalien ihre „Fingerabdrücke" im Organismus, der zudem noch unzähligen anderen Stressoren ausgesetzt ist, so daß es nicht möglich ist, den 100%igen Beweis für eine Kausalität allein durch statistische Untersuchungen zu erbringen.

2.6 Ökotoxikologische Untersuchungen

Ökotoxikologische Testverfahren sollen die Gefährdung von Ökosystemen durch Chemikalien erkennbar machen. Dabei werden in der Regel – stellvertretend für ganze Ökosysteme – Untersuchungen an einzelnen Arten routinemäßig durchgeführt. Nur im Rahmen größerer Forschungsprojekte werden ganze Ökosysteme über mehrere Jahre beobachtet.

Ein ideales Testverfahren hat folgende Eigenschaften:

– Hohe Aussagekraft für die Gefährdung natürlicher Ökosysteme durch die Prüfsubstanz.
– Die Versuche werden mit Konzentrationen durchgeführt, die aufgrund der Verwendung der Substanz in den Umweltmedien anzutreffen sind.
– Es erfaßt die Wirkungen auf die wichtigsten Arten der Ökosysteme.
– Zum Einsatz kommen heimische Arten.
– Die empfindlichsten Arten der Ökosysteme werden untersucht.
– Die Durchführung der Versuche ist problemlos:
– Leichte ganzjährige Nachzucht der Versuchstiere;
– kein großer apparativer Aufwand;
– schnelle Verfügbarkeit der Ergebnisse;
– geringe Kosten.

Nicht alle dieser Eigenschaften sind gleichzeitig erreichbar: So ist eine hohe ökologische Aussagekraft nur mit Langzeitversuchen zu erzielen, die dann aber entsprechend hohe Kosten verursachen.

Fast alle zur Zeit standardisierten Verfahren verwenden nur jeweils eine Art, an der die Giftwirkung untersucht wird. Dabei werden typische Vertreter der Ökosysteme bzw. trophischen Stufen ausgewählt. Für aquatische Systeme werden einzellige Grünalgen (Energiefixierung durch Photosynthese, Primärproduzenten), Wasserflöhe (Pflanzenfresser und Abfallverzehrer) und Fische (Pflanzenfresser, Räuber) ausgewählt, für terrestrische Systeme dagegen höhere Pflanzen, Regenwürmer (bedeutendstes Tier des Bodens) und Bodenbakterien (große Stoffwechselleistung) verwendet.

Die Auswahl nicht-heimischer Arten hat zu heftiger Kritik geführt, da durch die Verwendung von „Exoten" die Übertragbarkeit der Ergebnisse auf heimische Ökosysteme vermindert wird. Bei zwei Untersuchungsmethoden haben sich trotzdem tropische Arten als Standardorganismen durchgesetzt: Die „akute Fischgiftigkeit" wird sehr häufig mit dem Zebrabärbling (*Brachydanio rerio*) ermittelt, einem tropischen Warmwasserfisch, der, als Aquarienfisch bestens bekannt, ganzjährig problemlos und sehr leicht zu züchten ist. Die meist sehr empfindlich reagierenden Entwicklungsstadien des Fisches (Embryonen, Dottersacklarven, Jungfische) sind für spezielle Untersuchungen leicht verfügbar.

Der „Regenwurmtest" verwendet anstelle einer heimischen Art (in unserem Boden sind etwa 40 Arten anzutreffen) wegen dessen leichter Nachzuchtmöglichkeit den Kompostwurm *Eisenia foetida*. Der bedeutendste heimische Regenwurm *(Lumbricus terrestris)* läßt sich im Labor nicht züchten; er hat zudem eine extrem lange Generationsdauer von 2 Jahren (gegenüber 6 Wochen beim Kompostwurm).

2.6.1 Fischgiftigkeit

Die Ermittlung der akuten Fischgiftigkeit ist ein Standardverfahren, festgelegt in:

- Richtlinie 67/548/EWG Anhang V, zuletzt geändert am 25. 4. 1984;
- DIN 38 412 (L1) und (L15) und den
- OECD Guidelines for testing of chemicals, 203 „Fish, Acute Toxicity Test", OECD 1983.

Diese Methode findet Anwendung beim Vollzug von Chemikaliengesetz, Pflanzenschutzgesetz, Wasserhaushaltsgesetz (Wassergefährdungsklassen) und Abwasserabgabengesetz.

Fische sind im Gewässer-Ökosystem die Konsumenten; sie repräsentieren sehr oft die Endglieder in der Nahrungskette, d.h. sie stellen die höchste trophische Stufe dar. Bei Untersuchungen von Verhalten und Fortpflanzung ist mit einer hohen Empfindlichkeit der Testorganismen auf Schadstoffeinwirkung zu rechnen.

Die tödliche Giftwirkung auf Fische wird innerhalb von 72 bis 96 Stunden untersucht; dargestellt wird sie als LC_{50}, d.h. als diejenige Konzentration, bei der 50 % der Tiere zu Versuchsende tot sind.

Versuchsdurchführung

Zunächst wird eine Stammlösung hergestellt: Dazu wird die Prüfsubstanz in destilliertem Wasser gelöst, was gelegentlich auch bei gut wasserlöslichen Stoffen ein Problem darstellt. Schwer wasserlösliche Stoffe können mit Hilfe von Lösungsvermittlern wie Aceton oder Tween (ein Tensid) in Lösung gebracht oder durch Ultraschall dispergiert werden. Da während der gesamten Versuchsdauer die Konzentration der Testsubstanz um nicht mehr als 20 % absinken darf, müssen regelmäßig Kontrollmessungen durchgeführt werden, denn während des Versuchs kommt es unweigerlich zum Substanzschwund durch Abbau, Aufnahme durch die Fische, Adsorption an Gefäßwände und Verdunstung.

Der Versuch kann unter statischen Bedingungen (einmalige Zugabe der Testsubstanz), semi-statischen Bedingungen (mehrmalige Erneuerung der Testlösung) und im Durchflußsystem (auch dynamischer Test genannt, gewährleistet weitgehend konstante Konzentration über die gesamte Versuchsdauer) durchgeführt werden.

Ausgehend von der Stammlösung werden 5 Konzentrationen hergestellt, die sich durch einen konstanten Faktor unterscheiden. Je Konzentrationsstufe werden mindestens 7 Fische eingesetzt, die während des Versuchs nicht gefüttert werden. Als Versuchsfische (je nach Art 2 bis 6 cm lang) kommen hauptsächlich der Zebrabärbling (*Brachydanio rerio*) und die Regenbogenforelle (*Salmo skacta*) zum Einsatz, doch auch weitere Arten sind geeignet, so etwa

Goldorfe (*Leuciscus idus*), Guppy (*Poecilia reticulata*), Blauer Sonnenbarsch (*Lepomis macrochirus*), Japanischer Reisfisch (*Oryzias latipes*), Karpfen (*Cyprinus carpio*) und Amerikanische Elritze (*Pimephalis promelas*). Nach 24, 48, 72 und 96 Stunden werden die toten Tiere gezählt: Wenn bei Berührung des Schwanzansatzes keine Reaktion mehr erfolgt und auch keine Atmung mehr zu beobachten ist, wird ein Fisch als tot registriert. Die LC_{50} wird durch Auswertung der graphischen Darstellung der Ergebnisse ermittelt (Abb. 12).

Das primäre Ziel dieses Versuches ist die Ermittlung der LC_{50} und damit die Klassifizierung der Umweltgefährlichkeit der Testsubstanz (verein-

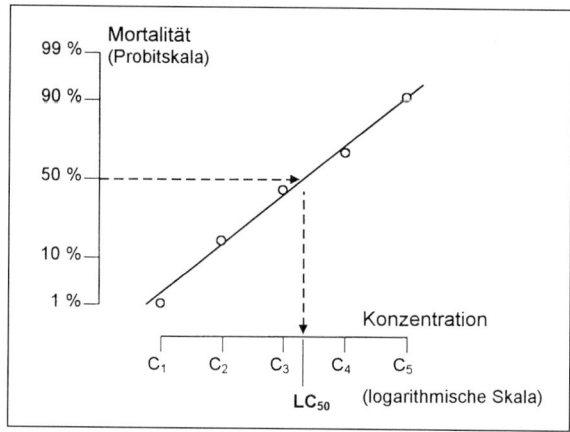

Abb. 12: Graphische Ermittlung der LC_{50} im Fischtest (nach [25]).

Tab. 22: Klassifizierung der Giftigkeit für Fische, Daphnien und Algen.

LC_{50}	Klassifizierung	Gefahr
< 1 mg/l	„Sehr giftig für Wasserorganismen"	ja
1–10 mg/l	„Giftig für Wasserorganismen" (aber nur, wenn der Stoff „nicht leicht abbaubar" oder sein P_{OW} > 3 ist)	ja
10–100 mg/l	„Schädlich für Wasserorganismen" (wenn der Stoff „nicht leicht abbaubar" ist)	nein
> 100 mg/l	keine	nein

facht nach den Kriterien der EG zur Einstufung von Stoffen aufgrund bestimmter Auswirkungen auf die Umwelt, Amtsblatt der EG. L 180 (1991), zitiert nach [1].

Es lassen sich aber noch weitere Hinweise auf die toxischen Eigenschaften der Testsubstanz ermitteln. Verändern die Fische Schwimmverhalten, Atmung oder Pigmentierung oder kommt es zum Gleichgewichtsverlust, so können Effektkonzentrationen, ab denen eine Vergiftung der Organismen eintritt, ohne daß es zu Todesfällen kommt, bestimmt werden. So kennzeichnet z. B. ein EC_{50}-Wert die Konzentration, bei der 50 % der Fische einen bestimmten Effekt erkennen lassen. Auch eine erweiterte Auswertung der Mortalität ergibt wertvolle weitere Hinweise. So ist ein sehr flacher Verlauf der Konzentrations-Mortalitätskurve ein Hinweis auf beginnende letale Effekte weit unterhalb der LC_{50}; gleichzeitig werden auch nach Überschreiten der LC_{50}

noch zahlreiche Fische am Leben sein. Ein sehr steiler Kurvenverlauf spricht dafür, daß bereits bei geringfügiger Überschreitung der LC_{50} die gesamte Fischpopulation abstirbt, jedoch geringere Konzentrationen keinen Effekt haben. Um die Steilheit der Kurve zu beschreiben, werden neben der LC_{50} auch die LC_0 (größte getestete Konzentration, bei der bei Versuchsende noch alle Tiere leben) und die LC_{100} (kleinste getestete Konzentration, bei der bei Versuchsende alle Tiere tot sind) angegeben. Wird die LC_{50} nach 24, 48, 72 und 96 Stunden bestimmt und ergeben sich mit zunehmender Versuchsdauer geringere Werte, so kann eine erhöhte Giftigkeit bei langfristiger Exposition vermutet werden [25].

Weitere Versuche mit Fischen

Von größerer ökologischer Aussagekraft ist die Untersuchung der Frage, ab welcher Schwellen-

Tab. 23: Fischgiftigkeit von Umweltchemikalien (Versuchsdauer 48 bis 96 Stunden, nach [27]).

Präparat	LC_{50} (mg/l)
TCDD	0,000.000.046–0,032
Hexachlorbenzol	0,006–1.500
LAS	0,022– 9,2
Pentachlorphenol	0,022– 1,0
Quecksilber(II)chlorid	0,042– 2,5
Benzol	5,8 – 400
Trichlorethen	3,1 – 330
Atrazin	7,9 – 37
DEHP	61 – >770

konzentration eine Beeinträchtigung der Fische eintritt, ohne daß es zum Absterben kommt. Bereits genormt und im Rahmen des Chemikaliengesetzes vorgeschrieben ist der „Verlängerte Zebrabärblingstest". In diesem mindestens 14tägigen Versuch werden neben der tödlichen Wirkung vor allen Dingen die sichtbaren Wirkungen – wie verändertes Schwimmverhalten, Veränderungen im Aussehen und die fehlende oder verminderte Futteraufnahme registriert und als Ergebnis der sog. NOEC-Wert ermittelt. Als „no observed effect concentration" bezeichnet man die Konzentration der Substanz, die unterhalb der Schwelle liegt, ab der eine tödliche oder andere Wirkung auftritt. Ab diesen Konzentrationen ist im Gewässer-Ökosystem mit deutlich beobachtbaren Vergiftungseffekten zu rechnen. Zur Beurteilung dienen neben den ermittelten Schwellenwerten auch die Art der Effekte in ihrem zeitlichen Auftreten. Beim Vergleich der NOEC-Werte ist zu beachten, daß sich die Ergebnisse aus Versuchen verschiedener Laboratorien trotz Einhaltung aller Versuchsvorschriften erheblich unterscheiden können.

Erheblich empfindlicher als die erwachsenen Fische sind die frühen Entwicklungsstadien (Eier, Dottersacklarven und Jungfische). Untersuchungen, welche die Auswirkungen auf die Beeinträchtigung der Fortpflanzung ermitteln sollen, gehören derzeit noch nicht zum Standardprogramm bei der Beurteilung von Umweltchemikalien. Insbesondere längerfristige Versuche über mehrere Generationen sind aus Kostengründen und wegen Problemen bei der Standardisierung nicht sehr häufig durchgeführt worden. Liegen trotzdem für einzelne Stoffe derartige Versuchsergebnisse vor, so ist die Interpretation gerade aufgrund der fehlenden einheitlichen Verfahrensvorschriften nur mit großer Vorsicht vorzunehmen.

Tab. 24: Chronische Fischgiftigkeit von Umweltchemikalien (nach [27]).

Präparat	Parameter	von (mg/l)	bis (mg/l)
TCDD	NOEC	0,000.000.01	0,001
	EC_0	< 0,000.000.1	< 0,000.01
	LC_0	< 0,000.002.7	< 0,000.1
Hexachlorbenzol	EC_0	> 0,004.8	< 0,1
	LC_0	> 0,003.8	> 0,007
DEHP	EC_0	0,004	22
Pentachlorphenol	NOEC	0,012.5	0,39
	$EC1_0$	0,025	0,074
	LC_0	0,055	0,2
Atrazin	NOEC	0,02	0,12
	EC_0	< 0,1	3,4
	LC_0	0,4	
Benzol	EC_0	< 0,8	
	LC_0	9,0	31
LAS	NOEC	0,31	8,4
	LC_0	0,12	4
Quecksilber(II)chlorid	LC_0	0,13	
Trichlorethen	EC_{10}	13,7	16,9

2.6.2 Giftigkeit für Wasserflöhe

Die Untersuchung der akuten Giftigkeit für Wasserflöhe (= akute Daphniengiftigkeit) ist ein Standardverfahren nach

– Richtlinie 67/548/EWG Anhang V, zuletzt geändert am 25. 4. 1984;
– DIN 38 412 (L1) und (L11);

– OECD Guidelines for testing of chemicals, 202 „Daphnia, Acute Immobilisation and 14-day Reproduction Test", OECD 1983.

Sie ist eine Grundlage der Stoffbewertung im Rahmen von Chemikaliengesetz, Pflanzenschutzgesetz und Wasserhaushaltsgesetz (Wassergefährdungsklassen).

Daphnien ernähren sich von Plankton (einzelligen Algen, Bakterien) und von Detritus (tote organische Materie). Die Partikel werden von einem Reusenapparat aus dem Wasser gefiltert. Sie stellen in stehenden oder langsam fließenden Gewässern eine wichtige Nahrungsquelle für Fische dar.

Innerhalb von 48 Stunden wird die Giftwirkung auf die Schwimmfähigkeit der Daphnien untersucht; ermittelt wird die EC_{50}, bei der 50 % der Tiere zu Versuchsende schwimmunfähig sind.

Die Herstellung der Stammlösung und die Kontrolle der Konzentration sowie Unterschiede zwischen statischen und dynamischen Versuchen sind im Abschnitt 2.6.1 beschrieben; sie gelten auch für die Ermittlung der Daphnientoxizität. Von der Stammlösung werden 5 Konzentrationen hergestellt, die sich durch einen konstanten Faktor unterscheiden.

Zum Test verwendet werden *Daphnia magna* und *Daphnia pulex*, die zu Versuchsbeginn zwischen 6 und 24 Stunden alt sein müssen. In jeder Konzentrationsstufe werden 20 Tiere getestet. Nach 24 und 48 Stunden (in Dunkelheit und ohne Futterzugabe) werden die schwimmunfähigen Tiere bestimmt: Wenn nach leichter Berührung des Behälters ein Tier innerhalb von 15 Sekunden keine Schwimmbewegung mehr zeigt, gilt es als schwimmunfähig.

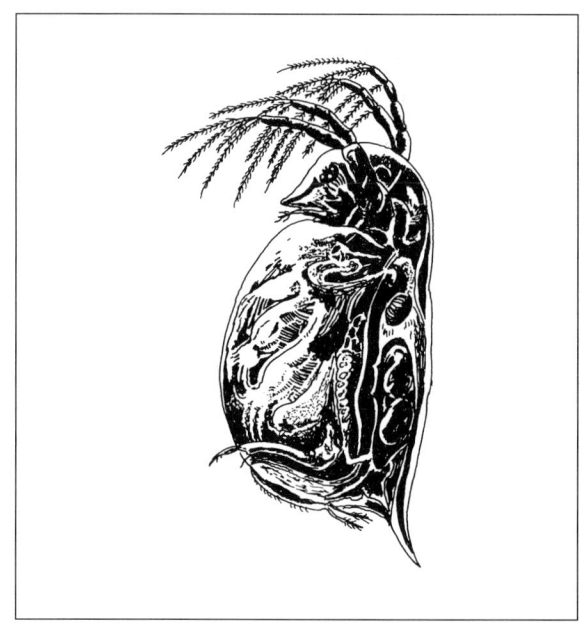

Abb. 13: *Daphnia pulex.*

Die EC_{50} wird durch Auswertung der graphischen Darstellung der Ergebnisse ermittelt (vgl. Abb. 12 in Abschnitt 2.6.1). Das Ziel dieses Versuches ist Ermittlung der EC_{50} und damit die Möglichkeit der Klassifizierung der Umweltgefährlichkeit der Testsubstanz (Klassifizierungsstufen und Kennzeichnungspflichten der EC_{50} identisch mit den LC_{50}-Werten der Tabelle 27 in Abschnitt 2.6.4).

Bei der Versuchsauswertung werden auch die EC_0 und die EC_{100} angegeben. Für die daraus sich ergebenden Interpretationsmöglichkeiten gilt das in Abschnitt 2.6.1 Gesagte.

Weitere Versuche mit Daphnien

Bei dem „Verlängerten Daphnientest" wird nicht nur die letale Wirkung erfaßt, sondern auch die Zahl der Nachkommen und der Zeitpunkt des Auftretens der ersten Nachkommen ermittelt. Die Versuchsdauer beträgt 21 Tage; je Konzentrationsstufe werden 20 weibliche Tiere eingesetzt. Die gemessene NOEC ist die höchste geprüfte Konzentration, bei der jeweils im Vergleich zur Kontrolle

- eine tödliche Wirkung auf die Elterntiere und/oder
- eine Verringerung der Zahl der Nachkommen und/oder
- eine Verzögerung im Zeitpunkt des Auftretens der ersten Nachkommen *nicht* beobachtet wurde.

2.6.3 Hemmung der Zellvermehrung an der Alge

Standardisierte Verfahren werden beschrieben in der

- Richtlinie 67/548/EWG Anhang V, zuletzt geändert am 25. 4. 1984; – DIN 38 412 (L1) und (L9), und den

- OECD Guidelines for testing of chemicals, 201 „Alga, Growth Inhibition Test", OECD 1984.

Die Versuchsergebnisse werden im Rahmen von Chemikaliengesetz, Pflanzenschutzgesetz und Wasserhaushaltsgesetz (Wassergefährdungsklassen) zur Substanzbewertung eingesetzt.

Grünalgen sind photoautotrophe Organismen: sie wandeln Lichtenergie in chemische Energie von Biomolekülen um. In Gewässer-Ökosystemen fungieren sie als Primärproduzenten. Einzellige Arten sind in stehenden oder langsam fließenden Gewässern eine wichtige Nahrungsquelle für Kleinkrebse und Fische. Sie haben dar über hinaus Bedeutung für den Sauerstoffhaus-

Tab. 25: *Algengiftigkeit von Umweltchemikalien (nach [27]) (Wachstumsminderung bei verschiedenen Arten, 72–96 Stunden Versuchsdauer).*

Präparat	EC_{50} (mg/l)	
Pentachlorphenol	0,09–	10,3
Atrazin	0,02–	0,43
Hexachlorbenzol	> 0,1	
LAS	< 0,1–	100
DEHP	> 0,1–	31.000
Trichlorethen	8,0–	450
Benzol	29,0– > 1.360	

halt des Gewässers, da sie durch die Photosynthese Sauerstoff freisetzen. Die zum Wachstum benötigten Nährstoffe, insbesondere Stickstoff und Phosphor, entziehen sie dem Wasser und tragen so zur Selbstreinigungskraft der Gewässer bei.

Eine Wachstumsverminderung durch Gifteinwirkung auf die Algen wird registriert. Ermittelt werden die EC_{10}- und EC_{50}-Werte, d. h. die Konzentrationen, bei denen eine 10 bzw. 50 %ige Hemmung der Zellvermehrung eingetreten ist.

Die Herstellung der Stammlösung und die Kontrolle der Konzentration sind im Abschnitt 2.6.1 beschrieben. Von der Stammlösung werden 5 Konzentrationen hergestellt, die sich durch einen konstanten Faktor unterscheiden.

Die Versuche werden mit der einzelligen Grünalge *Scenedesmus subspicatus* aus Laborzuchten durchgeführt. Die Startkultur kommt in eine sterile Nährlösung, die aus destilliertem Wasser, Nähr- und Spurenelementen hergestellt wird. Zu Beginn des Versuches werden jedem Milliliter des Mediums 10.000 Algen zugesetzt; nach 24, 48 und 72 Stunden wird die Veränderung der Besiedlungsdichte registriert. Die Algensuspensionen werden bei konstanten Temperaturen von 21 bis 25°C und Dauerbeleuchtung ständig geschüttelt oder gerührt, damit sich kein Rand bildet und die Zellen sich nicht zusammenlagern. Die Zellzahl als Meßgröße für das Prüfkriterium der Zellvermehrung kann durch Auszählen unter dem Mikroskop, durch computergestützte Verfahren der Bildauswertung oder durch Messung der optischen Dichte (ein Photometer mißt die Abschwächung eines Lichtstrahles bestimmter Wellenlänge, der durch die Probe geschickt und vom Chlorophyll absorbiert wird) ermittelt werden.

Berechnet werden die EC_{10}- und EC_{50}-Werte. Nach dem gemessenen EC_{50}-Wert wird die Testsubstanz klassifiziert.

2.6.4 Regenwurmgiftigkeit

Die Untersuchung der Giftwirkung chemischer Stoffe ist ein standardisiertes Verfahren nach

- ISO CD 11268 Soil quality – effects of pollutants on earthworms (*Eisenia foetida*). Part 1: Method for the determination of acute toxicity using artificial soil subtrate. Part 2: Method for the determination of inhibition of reproduction (1992),
- OECD Guidelines for testing of chemicals, 207 „Earthworm acute toxicity test", adopted 4, 1984 und
- Richtlinie 87/302/EG, 1987.

Diese Methode wird im Rahmen des Chemikaliengesetzes und des Pflanzenschutzgesetzes verwendet.

Tab. 26: Regenwurmgiftigkeit auf Eisenia foetida von Umweltchemikalien (nach [27]).

Präparat	LC$_{50}$ (künstlicher Boden) (mg/kg trockener Boden)	LC$_{50}$ (Filterpapier) (μg/cm^2)
TCDD	5 – 10	
Pentachlorphenol	16– 190	1,8
Atrazin	> 1.000	
Benzol		100– 1.000
DEHP		> 25.000
Hexachlorbenzol	> 1.000	> 1.000
Trichlorethen	> 1.000	105
LAS	> 1.330[*)]	

[*)] Werte für *Lumbricus terrestris*

Regenwürmer stellen die bedeutendsten tierischen Bodenlebewesen dar. Durch die Wühltätigkeit wird der Boden immer wieder gelockert und die typische Krümelstruktur gebildet (ca. 500 Grabröhren je m^2 und bis 10 kg Kotkrümel je m^2 und Jahr). Die Nahrungsaufnahme trägt zur Streuzersetzung und ganz wesentlich zum Eintrag organischer Masse in tiefere Bodenschichten bei.

Die Wirkung der Testsubstanz auf Wachstum und Zahl der Nachkommen bzw. die tödliche Wirkung wird in Versuchen mit dem Kompostwurm *Eisenia foetida* ermittelt: In 14tägigen Tests erfolgt die Bestimmung der LC$_{50}$; Kontrollen in 8wöchigen Abständen dienen der Ermittlung der NOEC.

Die Versuche werden mit künstlichem Boden durchgeführt. Er enthält 10 % Torf, 20 % Kaolin (Ton), 69 % Quarzsand und 1 % Kalk. Die Testsubstanz wird in Wasser gelöst und dem trockenen Boden zugesetzt. Je Konzentrationsstufe werden 10 erwachsene Tiere auf die Oberfläche von 500 g Boden (Trockengewicht) gelegt. Bei den Versuchen zur akuten Giftigkeit wird nach 7 und 14 Tagen die Anzahl der überlebenden Tiere gezählt. Zur Ermittlung der Wachstums- und der Reproduktionshemmung werden nach 4 Wochen die eingesetzten Tiere entnommen, gewogen und nach weiteren 4 Wochen die Anzahl der überlebenden Nachkommen gezählt. In Relation zu Kontrollansätzen werden LC$_{50}$ und NOEC bestimmt: Angegeben werden mg Prüfsubstanz je kg trockenem Boden. Bei der Prüfung der Pestizide wird der NOEL, ausgedrückt in mg Wirkstoff je m² Bodenoberfläche (im Versuch ist der Boden 5 bis 6 cm tief) ermittelt.

Eine einfachere Methode wird in Glasschalen, die mit Filterpapier ausgelegt sind, durchgeführt. Die Tiere leben dabei nur auf dem feuchten Papier und nehmen über die Körperoberfläche die Prüfsubstanz auf. Die Ergebnisse werden in μg Prüfsubstanz je cm² Papieroberfläche angegeben.

Klassifizierungen der ermittelten Werte sind z. Zt. noch nicht vorhanden. Lediglich im Bereich der Pflanzenschutzmittel-Zulassung erfolgt eine Bewertung, die sich allerdings nicht an absoluten Zahlen orientiert, sondern an der Menge

Wirkstoff, die zur Sicherstellung der Wirksamkeit des Mittels zwangsläufig in den Boden gelangt.

2.6.5 Giftigkeit für höhere Pflanzen

Hierfür existieren die:

- OECD Guidelines for testing of chemicals, 208 „Terrestrial plants, growth test". 1984.

Das Verfahren hat Bedeutung bei der Durchführung des Chemikaliengesetzes. Die Versuchspflanzen werden in Erde eingesät. Als Beurteilungsmaßstab werden die Anzahl der gekeimten Samen und das Wachstum der Pflanzen

Tab. 27: *Pflanzengiftigkeit von Umweltchemikalien (nach [27]).*

Präparat	Art	EC_{50} (mg/kg trockener Boden)
Atrazin	Hafer	0,36
Pentachlorphenol	Hafer	57−165
	Weiße Rübe	8,6
	Weizen	8,0
	Kopfsalat	4,8
LAS	Sorghum	167
	Sonnenblume	290
	Mung Bohne	320
Hexachlorphenol	Hafer	> 1.000
Trichlorethen	Hafer/Rüben	> 1.000

verwendet. Die Erde wird gesiebt (0,5 cm) und sollte maximal 1,5 % Kohlenstoff, zwischen 10 und 20 % Partikel unter 0,02 mm Durchmesser und einen pH-Wert von 5 bis 7,5 haben. Die Testsubstanz wird durch ein geeignetes Verfahren (in Wasser gelöst, mit Quarzsand gemischt etc.) in mindestens 3 Konzentrationsstufen (1, 10 und 100 mg/kg trockenen Boden) in jeweils 4 Blumentöpfe aus glattem Kunststoff oder glasiertem Ton verbracht. Mindestens 5 Samen von 3 Arten – Hafer (*Avena sativa*), Stoppelrübe (Rübsen, *Brassica rapa*), Mung-Bohne (*Phaseolus aureus*) oder auch andere Arten – werden in jeden Topf gesät. 14 Tage nachdem im Kontrollansatz die Hälfte der Samen gekeimt ist, werden die Pflanzen geerntet und das Trockengewicht bestimmt. Bei der Auswertung wird die Konzentration, bei der die Biomasse gegenüber der Kontrolle nur 50 % erreicht hat, als EC_{50} graphisch ermittelt. Aus der Anzahl der gekeimten Pflanzen bei den einzelnen Konzentrationsstufen wird ebenfalls im Vergleich zur Kontrolle auch die LC_{50} ermittelt.

2.6.6 Screeningtests

Unter einem Screeningtest wird ein einfach und schnell durchzuführendes Verfahren zur Beurteilung des toxikologischen bzw. ökotoxikologischen Verhaltens verstanden. Dabei wird besonderer Wert auf die zeit- und kosten-ökonomische Durchführung gelegt; Exaktheit und Relevanz stehen an zweiter Stelle. Die Tests werden dort eingesetzt, wo

– Informationen schnell verfügbar sein müssen,
– eine Vorauswahl untersuchungswürdiger Proben stattfinden soll oder
– viele verschiedene Substanzen beurteilt werden müssen und eine Prioritätenliste aufgestellt werden soll.

Die Reinhaltung der Gewässer und die Überwachung des Abwassers haben schon seit Jahren Bestrebungen gefördert, Screeningverfahren zu entwickeln, die rasch eine Aussage über schädliche Inhaltsstoffe des Wassers ermöglichen. Diese Verfahren können nicht den Anforderungen an eine korrekte, reproduzierbare Analytik einzelner Stoffe gerecht werden. Dafür aber sind die Ergebnisse schnell verfügbar, und es besteht die Möglichkeit, steuernd einzugreifen. Zeigt z. B. bei einer Trinkwasserentnahme aus einem Fluß ein Screeningtest einen Schadstoff an, so wird die Pumpe unverzüglich abgestellt. Wird hingegen eine zeitaufwendige chemische Analyse durchgeführt, so wird lediglich im nachhinein genau bekannt, welche Schadstoffe die Menschen getrunken haben.

2.6.6.1 Cholinesterase-Hemmwirkung

Der Test zur Überprüfung der Cholinesterase-Hemmwirkung gehört zum Standardprogramm bei der Überprüfung von Rohwasser zur Trinkwasseraufbereitung. Die Cholinesterase ist ein Enzym, das einen Botenstoff bei der Übertragung von Nervenimpulsen (das Acetylcholin) nach der Auslösung eines Impulses in der empfangenden Zelle planmäßig spaltet. Wird dieses Enzym gehemmt, kommt es zu schweren Störungen (Übererregung) im Nervensystem. Dieser Vergiftungsmechanismus ist die Ursache der Wirksamkeit einiger Insektizide: Phosphorsäureester – neben dem Parathion (E 695) und den Nervenkampfstoffen Tabun und Sarin – und die Carbamate (z. B. Aldicarb, Carbaryl, Pirimicarb) hemmen die Cholinesterase und führen durch Übererregung zum Tod.

Die Überwachung dieser Hemmwirkung ermöglicht es, auf zahlreiche routinemäßige, teure und langwierige Einzelstoff-Analysen zu verzichten bzw. diese nur dann durchzuführen, wenn im Screeningtest ein positives Ergebnis vorliegt. Viel bedeutender ist aber, daß dieses Verfahren die Giftwirkung beliebiger (auch unbekannter) Wasserinhaltsstoffe erkennt. Bei einer normalen Analyse führt der chemische Nachweis einzelner Substanzen erst in Verbindung mit den toxikologischen Erkenntnissen aus Tierversuchen zu einer Bewertung.

2.6.6.2 Leuchtbakterientest

Dieses Testverfahren ist inzwischen standardisiert (DIN 38412 L34). Es dient der Bestimmung der Hemmwirkung von Abwasser auf die Lichtemission von Leuchtbakterien. Gemessen werden Eigenleuchterscheinungen der Bakterien (Biolumineszenz), die durch energieliefernde biochemische Prozesse hervorgerufen werden. Dabei wird ein Luciferin genannter Leuchtstoff, katalysiert durch das Enzym Luciferase, oxidiert. Er gelangt so in einen angeregten Zustand. Bei der Rückkehr in den Grundzustand wird ein Lichtquant emittiert. Wird die Luciferase von den Abwasserinhaltsstoffen gehemmt, ist die Lichtemission geringer. Dieser Test reagiert sehr empfindlich auf Störungen des Stoffwechsels: Kleinste Mengen enzymhemmender Stoffe können erfaßt werden.

Das Verfahren ist einfach und schnell durchzuführen: Das Abwasser wird in Schritten verdünnt, jede Verdünnungsstufe mit einer Suspension der Leuchtbakterien (*Photobacterium phosphoreum*) vereinigt. Sofort und nach 30 Minuten wird die Leuchtintensität der Bakterien in einem Luminometer gemessen. Die prozentuale Abnahme der Leuchtintensität wird für jede einzelne Verdünnungsstufe berechnet. Dabei wird mit zunehmender Verdünnung die Prozentzahl kleiner werden. Diejenige Verdünnungsstufe, bei der die Abnahme gerade noch kleiner als 20 % ist, wird als G_L-Wert bezeichnet. Mißt man z. B. für eine Verdünnung 1:7 (1 Teil Abwasser, 7 Teile Verdünnungswasser) 25 % Hemmung, für 1:8 18 %, 1:9 15 %, dann zeigt die Verdünnungsstufe 1:8 weniger als 20 % Hemmung, und der G_L-Wert beträgt 8.

Dieses Verfahren wird als schneller Screening-test bei der Überwachung des Ablaufwassers einer Kläranlage, aber auch zur Vermeidung einer Schädigung des Belebtschlammes in Klär-anlagen eingesetzt [17].

2.6.6.3 Testbatterien

Sollen möglichst viele Giftwirkungen von Che-mikalien für alle wichtigen Wirkorte in Organis-men untersucht werden, so können Reagenz-glastests auf molekularer oder Zell-Ebene zu einer Testbatterie kombiniert werden. In jedem einzelnen Test wird nur ein einziger Wirkmecha-nismus getestet. Dadurch sind die Ergebnisse nicht mit denen aus Tier- und Pflanzenversuchen vergleichbar. (Die Untersuchung der Mutageni-tät im Ames-Test oder an Zellkulturen und die Cholinesterase-Hemmwirkung sind Beispiele der-artiger Untersuchungen.) Dieser Nachteil kann durch die Kombination mehrerer Tests zu einer Testbatterie ausgeglichen werden (vgl. Tab. 27).

Die in einer „Batterie" zusammengefaßten Tests sind voneinander unabhängig; jeder einzelne erfaßt einen bestimmten Vergiftungsmechanis-mus oder die Giftwirkung auf ein Organ. Aus den Einzelergebnissen lassen sich dann Rück-schlüsse auf die toxikologischen Wirkungen der Substanz in komplexen Systemen ziehen. Die normalerweise zur Erlangung dieser Ergebnisse notwendigen Tierversuche kommen dann nur noch bei unklaren Resultaten zum Einsatz. Mit einer Testbatterie können schnell und kosten-

Tab. 27: *Pflanzengiftigkeit von Umweltchemikalien (nach [27]).*

Präparat	Art	EC_{50} (mg/kg trockener Boden)
Atrazin	Hafer	0,36
Pentachlorphenol	Hafer	57–165
	Weiße Rübe	8,6
	Weizen	8,0
	Kopfsalat	4,8
LAS	Sorghum	167
	Sonnenblume	290
	Mung Bohne	320
Hexachlorphenol	Hafer	> 1.000
Trichlorethen	Hafer/Rüben	> 1.000

günstig viele Proben untersucht werden; zeit- und kostenintensive Tierversuche können dadurch reduziert werden. Allerdings befinden sich die Testbatterien zum Screening von Umweltchemikalien noch in der Entwicklungsphase.

2.6.6.4 Analyse der Struktur-Wirkungs-Beziehung

Seit Beginn der 60er Jahre sind Methoden entwickelt worden, mit denen es möglich ist, die biologische Wirksamkeit von Molekülen anhand ihrer physikochemischen und strukturellen Eigenschaften zu beschreiben. Diese als quantitative Struktur-Wirkungs-Beziehungen (abgekürzt QSAR vom englischen „**Q**uantitative **S**tructure-**A**ctivity **R**elationship) bezeichneten Verfahren wurden zuerst in der Pharmakologie und Arzneimittel-Synthese eingesetzt, um Korrelationen zwischen Molekülstrukturen und deren biologischen Wirkungen aufzustellen und somit die gezielte Entwicklung von Wirkstoffen zu erleichtern. Grundsätzlich sind die QSARs auf der Basis experimenteller Testergebnisse aufgestellte mathematische Beziehungen zwischen der Struktur eines Moleküls und einer bestimmten Eigenschaft der Substanz.

In der Ökotoxikologie werden QSARs genutzt, um fehlende experimentelle Daten zum ökotoxikologisch relevanten Potential einer Chemikalie aus den bekannten Eigenschaften ähnlich konstituierter Chemikalien abzuleiten. Von Vorteil ist diese Methode vor allem bei Screening-Untersuchungen zur Gefährlichkeitseinschätzung der nach Zehntausenden zählenden Chemikalien, die vor dem Inkrafttreten des Chemikaliengesetzes auf den Markt kamen, und für deren ökotoxikologische Eigenschaften oft keine oder nur unvollständige experimentell erhobene Datensätze vorliegen.

Eine QSAR-Untersuchung läuft in der Praxis folgendermaßen ab: Zunächst erfolgt die Auswahl der zu untersuchenden Verbindungen. Diese müssen in ihrer chemischen Struktur verwandt sein, wie etwa verschieden stark chlorierte Phenole (Mono-, Di-, Tri- und Pentachlorphenol) oder verschiedene polyzyklische aromatische Kohlenwasserstoffe. Außerdem müssen sie ihren ökotoxischen Effekt auf eine bestimmte Organismengruppe (z. B. Fische, Säugetiere) über die gleiche Wirkungsweise entfalten. Weiterhin müssen die Organismengruppe und ein bestimmter biologischer Effekt ausgewählt werden, so etwa die Anreicherung einer Chemikalie im Fettgewebe oder die Konzentration des Stoffs, bei der 50 % der Testorganismen sterben (LD_{50}).

Die Molekülstruktur der Chemikalien kann durch verschiedene sog. Deskriptoren beschrieben werden, z. B. den Oktanol-Wasser-Verteilungskoeffizienten (P_{OW}) zur Charakterisierung der Lipophilie (Fettlöslichkeit) der Chemikalie, das Molekülvolumen, die Wasserlöslichkeit, den Siedepunkt, den Dampfdruck etc.. Einer dieser Deskriptoren, etwa der P_{OW}, wird ausgewählt und mit experimentell erhobenen Effektdaten, beispielsweise dem Biokonzentrationsfaktor der Substanzen in Fischen, über eine statistische Analyse (zumeist eine Regressionsanlyse) in Bezug gesetzt (Abb. 14), welche zur Ableitung eines QSAR- Modells führt. Für das Beispiel in Abbildung 14 ist dieses Modell eine Geraden- gleichung in der Form

$$\log BCF = a \times \log P_{OW} + b,$$

d. h. der Logarithmus des Biokonzentrationsfak- tors ist gleich dem Logarithmus des Oktanol- Wasser-Verteilungskoeffizienten einer Chemika- lie, multipliziert mit einem Faktor a plus einem Summanden b. Die Größen a und b können bestimmt werden, so daß bei bekanntem P_{OW} für eine Chemikalie auf deren Biokonzentra- tionsfaktor geschlossen werden kann, ohne daß dieser experimentell ermittelt werden muß. Die- ses Modell hat jedoch bestenfalls für die unter- suchte Verbindungsklasse, die Organismen- gruppe und den biologischen Effekt Gültigkeit. Bevor es zur Abschätzung unbekannter Biokon- zentrationsfaktoren für Substanzen mit bekann- tem P_{OW} genutzt werden kann, muß die Richtig- keit (Validität) des Modells geprüft werden. Diese Validitätsprüfung erfordert, daß das Modell auf die Genauigkeit der berechneten Vorhersagen getestet wird. Dazu werden für

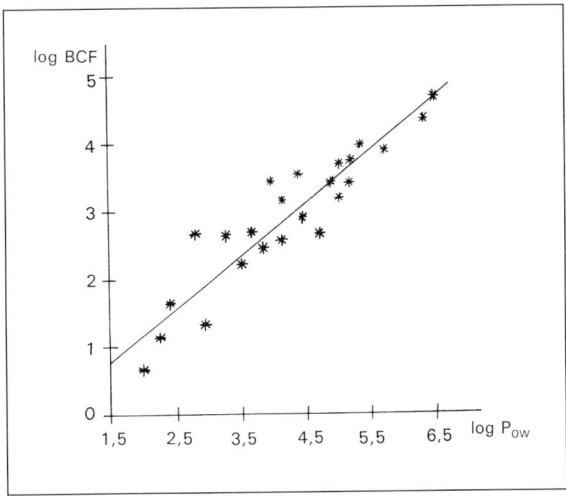

Abb. 14: Beziehung zwischen dem log BCF und dem P_{OW} verschiedener chlorierter polyaroma- tischer Kohlenwasserstoffe (nach [5]). Die Sterne bezeichnen die experimentell ermittelten log BCF-Werte für die entsprechenden P_{OW}-Werte. Die durchgezogene Linie stellt die abgeleitete Regression und damit das QSAR-Modell dar.

eine Anzahl von Stoffen – die bei der Modellent- wicklung nicht berücksichtigt wurden, für die aber experimentelle Daten vorliegen – Schätz- werte mittels QSAR errechnet. Nur bei ausrei- chender Übereinstimmung der berechneten mit den experimentell ermittelten Daten kann von einer Validität des QSAR-Modells ausgegangen werden.

2.6.7 Giftwirkungen auf Ökosysteme

Die bis jetzt besprochenen Parameter für ökotoxikologische Untersuchungen liefern nur erste Hinweise auf das Verhalten der Substanzen in der Umwelt. Dem Vorteil der Wiederholbarkeit und der schnellen Verfügbarkeit steht der Nachteil der geringen Aussagekraft für langfristige Effekte in Ökosystemen gegenüber. Außerdem sind die vielfältigen Wechselwirkungen in einem naturnahen System nach dem gegenwärtigen Wissensstand kaum zu überblicken.

Ökotoxikologische Untersuchungen, die nicht nur die Giftwirkung einzelner Stoffe auf einzelne Tier- oder Pflanzenarten beschreiben, sondern Ökosysteme zum Forschungsgegenstand haben, müssen

- die Verteilung und die Häufigkeit der Organismen sowie
- die Wechselwirkungen zwischen Organismen, der Umwandlung und dem Fluß von Stoffen und Energie

messen und bewerten. Dabei entsteht eine Lücke zwischen Anspruch und Wirklichkeit der Ökotoxikologie: Die Strukturen und Funktionen von Ökosystemen befinden sich stets im Wandel, und jährliche Schwankungen beispielsweise der Populationsdichte sind nichts Ungewöhnliches. In allen natürlichen Systemen sind stets Fließgleichgewichte vorhanden. Auf natürliche oder anthropogene Stressoren reagieren die Ökosysteme mehr oder weniger flexibel – es erfolgt eine meßbare Veränderung der Populationen, der Stoff- oder der Energieströme.

Für die Bewertung dieser Veränderungen wird stets ein Vergleichszustand benötigt. Dazu sind zwei Fragen zu stellen:

- Wie sieht der Grundzustand aus, und in welchen Grenzen schwankt er?
- Hat es vor kurzem einen natürlichen oder anthropogenen Streß gegeben?
- Wo auf der Wirkungskurve (die nie eine Gerade ist) befindet sich das System gerade?

Diese Fragen können heute (noch) nicht zufriedenstellend beantwortet werden und engen die Bewertung anthropogener Kontaminationen sehr stark ein [18]. Ein weiteres Problem stellt der Zeithorizont dar, in dessen Rahmen eine Bewertung vorgenommen werden muß: Ökologische Konsequenzen durch Kontaminationen (Klimaveränderungen, Zerstörung der stratosphärischen Ozonschicht u. a.) zeigen sich mitunter erst nach mehreren Jahrzehnten und müssen im Sinne einer vorsorgenden Umweltpolitik für Zeiträume vorhergesagt werden, die ein Vielfaches der Zeit betragen, seit der mit wissenschaftlichen Methoden Veränderungen unserer Umwelt beobachtet werden.

Untersuchungen auf ökosystemarer Ebene unter Berücksichtigung einer Vielzahl von Faktoren werden zur Zeit nur in geringem Umfang für spezielle Fragestellungen (z. B. Versickerungsverhalten von Pestizid-Wirkstoffen) routinemäßig durchgeführt. Genormte oder standardisierte Verfahren existieren darüber hinaus nicht. Lediglich die Einzelkomponenten der durchgeführten Untersuchungen sind zum Teil genormt (Meßverfahren für Wasserinhaltsstoffe, Bodenparameter wie Wassergehalt oder pH-Wert).

2.6.7.1 Untersuchungen an Modellökosystemen im Labor

Laboruntersuchungen an Modellökosystemen werden vor allem beim Einsatz radioaktiv markierter Testsubstanzen, gelegentlich aber auch allein aus Kostengründen durchgeführt. Für ein solches Verfahren, das für die Untersuchung des Versickerungs- und Abbauverhaltens von Pestiziden im Boden entwickelt wurde, sind die Freilandlysimeter der Fraunhofer-Gesellschaft entwickelt worden. Der Aufbau dieser Anlage ist in Abbildung 15 dargestellt. Auf dem Institutsgelände der Fraunhofer-Gesellschaft in Grafschaft sind Edelstahl-Auffangwannen in den Boden eingelassen. Am unteren Ende (in 1 m Tiefe) befinden sich Ablauföffnungen, die mit einem Sickerwasserbehälter verbunden sind. Das anfallende Sickerwasser kann durch ein Absaugrohr gewonnen, ein Bodenkern an beliebigen Stellen entnommen werden. Dazu wird ein Edelstahl-

zylinder in den Acker gedrückt, ohne daß die Struktur des Bodens gestört wird. Die umgebende Erde wird abgetragen, der Bodenkern unten von einer Messerplatte abgeschnitten und, darauf ruhend, aus dem Acker gehoben. Nach dem Transport der tonnenschweren Behälter ins Institut wird die Bodenplatte durch ein Sieb ersetzt und der Behälter mit Bodenkern in die Edelstahl-Auffangwanne eingesetzt.

Wozu dieser Aufwand? Boden ist nicht nur eine Anhäufung von Erde, sondern eine in Jahrtausenden gewachsene Struktur mit Schichtenaufbau und Lebewesen. Mechanische Bearbeitung des Bodens hat schwerwiegende Veränderungen des Ökosystems Boden und der darin stattfindenden chemischen Umsetzungen zur Folge.

Im Institut wird der Bodenkern mit Kulturpflanzen bestellt und das Pestizid als radioaktiv markierte Substanz aufgetragen. (Dabei richtet sich die Bepflanzung nach dem Einsatzgebiet des zu testenden Mittels.) Im Sickerwasser und in den Pflanzen können dann die Wirkstoffe und deren Umwandlungsprodukte quantitativ ermittelt werden. Nach 2 bis 3 Jahren Versuchsdauer werden die Bodenkerne ebenfalls entnommen und in waagerechte Schichten von 10 cm Dicke geschnitten. In allen Schichten werden die Pflanzenschutzmittel und die Metaboliten bestimmt. Auf diese Weise können Erkenntnisse über Versickerungs- und Abbauverhalten der verwendeten Pestizide gewonnen werden.

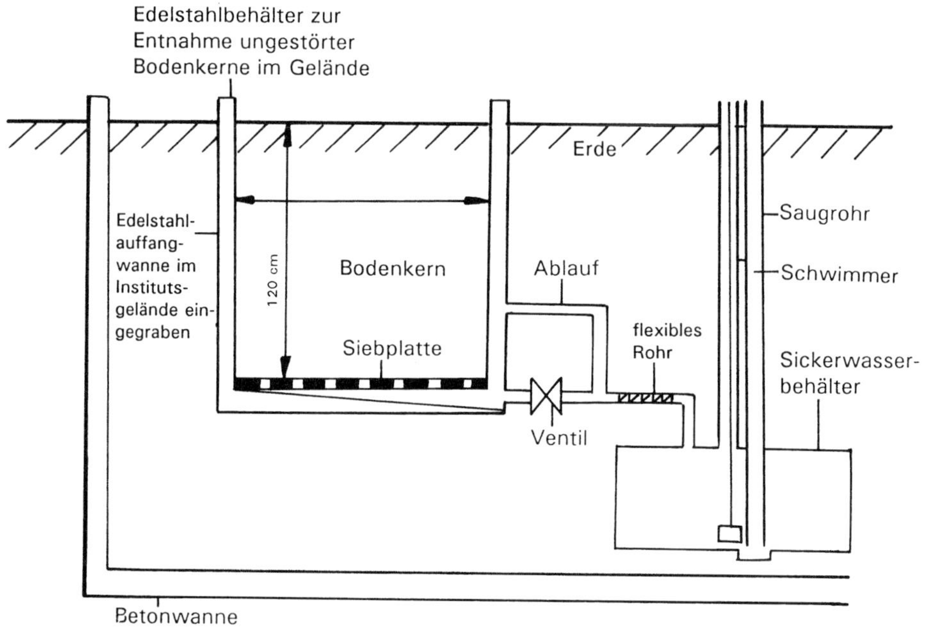

Abb. 15: Aufbau eines Freilandlysimeters.

Damit die Radioaktivität nicht unbeabsichtigt den Untergrund des Institutsgeländes kontaminiert, befinden sich die ganzen Lysimeter in einer riesigen, im Boden eingegrabenen Betonwanne.

2.6.7.2 Untersuchungen in natürlichen Ökosystemen im Freiland

Untersuchungen in natürlichen Ökosystemen erfordern einen beträchtlichen Aufwand, da praktisch das Labor am Ökosystem aufgebaut werden muß. Am Beispiel der Untersuchung der Einwirkung von Schwefeldioxid, Stickoxiden und

Ozon auf die Waldbodenvegetation [32] soll geschildert werden, welche Anstrengungen unternommen werden müssen, um die Auswirkungen von Luftschadstoffen auf ein einziges Ökosystem zu untersuchen.

Im Schiffenberger Wald (am Rande von Gießen) wurde ein Untersuchungsgelände in einem Buchenbestand so eingezäunt, daß zwei verschiedene Pflanzengesellschaften der Waldbodenvegetation untersucht werden konnten. Zunächst wurden 58 Untersuchungsflächen (jeweils 1 m²) markiert, zwei Bauwagen im Gelände abgestellt, ein Laufsteg auf Stelzen (zur Vermeidung von Bodenverdichtungen) konstruiert und ein Starkstromanschluß (700 m Kabel

quer durch den Wald) installiert. Die Technik zur Erzeugung, Dosierung, Verteilung und Messung der Schadgase wurde in und an den Bauwagen montiert.

Bewegliche runde „Open-top"-Kammern von 1,5 m Durchmesser und 1,25 m Höhe (Aluminiumrohre mit Polycarbonatfolie ummantelt, unten und oben offen) wurden über die Untersuchungsflächen gestülpt. Durch Kunststoffrohre mit 100 mm Durchmesser wurde mit Aktivkohle gefilterte Umgebungsluft über ein fest verlegtes Verteilernetz bis zu den Untersuchungsflächen geleitet. Die Gase wurden entweder aus Stahlflaschen entnommen (SO_2, NO_X) oder – im Falle von Ozon – mit einem Generator

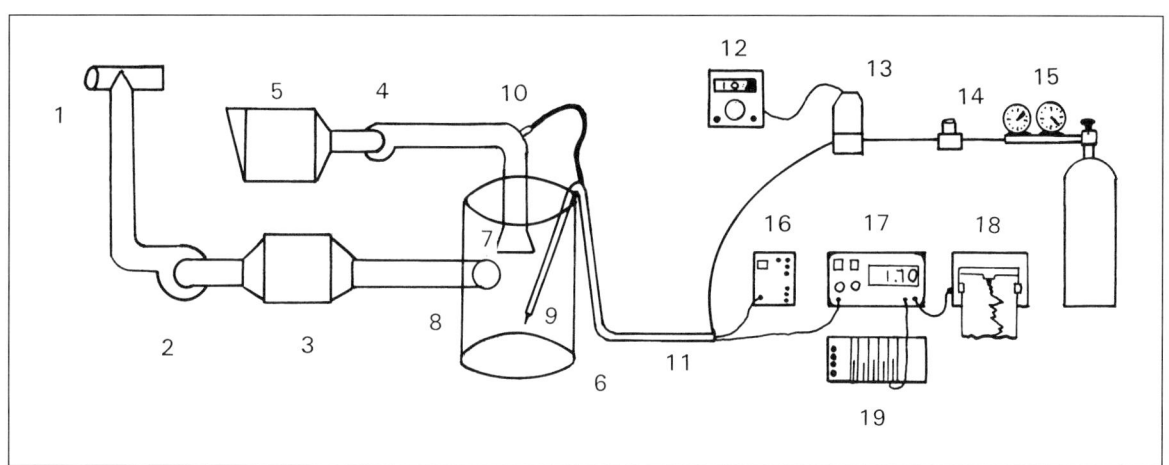

Abb. 16: Schematische Darstellung der Begasungsanlagen.

erzeugt; sie gelangten über beheizbare Teflon-schläuche zu den Begasungskammern. Zur Kontrolle der dosierten Gase, der Außenluft und Klimadaten dienten mehrere Schadstoffmonitore mit Registriereinrichtungen (Datenspeicher und Kurvenschreiber). Die Auswertung der Daten erfolgte auf dem Großrechner der Universität. Die Untersuchung wurde über 5 Jahre durchgeführt.

Die Begasung erfolgte auf jeder Untersuchungsfläche während der Vegetationsperiode (28 Wochen) nur einmal pro Woche für 4 Stunden. Dazu wurden die mobilen Kammern 3mal täglich von Hand umgestellt. Durch die geringe Dauer der Begasung der einzelnen Flächen stieg die Schadgaskonzentration der behandelten Fläche nur um maximal 29 % gegenüber den unbegasten Kontrollflächen.

Um Erkenntnisse über die Änderung der Artenzusammensetzung und des Wuchsverhaltens der Pflanzen während der gesamten Versuchsdauer von 5 Jahren zu gewinnen, waren zerstörungsfreie Meßmethoden zur Schädigungsbewertung notwendig. Die Ernte von Pflanzenmaterial hätte einen zusätzlichen Schädigungseffekt in den Untersuchungsflächen herbeigeführt. Das Wuchsverhalten der Pflanzen konnte durch Ausmessen der Blätter (Länge und Breite), Ermitteln der Blattzahl, der Blütenstände und der Blüten beurteilt werden. Blattverfärbungen (Chlorosen) wurden in Schadklassen eingeteilt

und die Anzahl der Blätter je Schadklasse angegeben. Mit einem mobilen Meßgerät können zerstörungsfrei die Transpiration und die Photosyntheseleistung der Pflanzen gemessen werden. Diese Methoden ermöglichen es, Veränderungen an immer derselben Pflanze zu beobachten.

Biochemische und andere Labormethoden können nur mit geerntetem Material durchgeführt werden. Als Untersuchungsparameter wurden die Benetzbarkeit der Blattoberfläche mit Wasser (Frage: Zerstören die Schadgase die Wachsschicht?), D-Glucose-, Pigment- und Schwefelgehalt, die Aktivität einiger Enzyme und die Freisetzung von Ethen gemessen.

Einige Ergebnisse der Untersuchung

In den begasten Flächen wurde eine geringere Blattfläche beim Bärlauch (*Allium ursinum*) gemessen, der Aronstab (*Arum maculatum*) verschwand ganz aus den Flächen, aber der Efeu (*Hedera helix*) wuchs stärker. Sauerklee (*Oxalis acetosella*) wurde durch SO_2 und $SO_2 + NO_2 + O_3$ reduziert, nicht aber durch $SO_2 + NO_2$. Etliche Pflanzen reagierten mit einer früheren Alterung, erkennbar an einer vorzeitigen Gelbfärbung der Blätter. Beim Bärlauch wurde auch eine geringere Anzahl der Blüten und der reifen Samen festgestellt. Die Benetzbarkeit der Pflanzen kann als Anzeiger für eine Schädigung der Wachsschicht angesehen werden. Zu deren

Untersuchung werden auf geerntete Blätter Wassertropfen aufgesetzt und der Kontaktwinkel gemessen. Je wasserabstoßender die Wachsschicht ist, desto größer ist der Kontaktwinkel. Bei den begasten Pflanzen nahm der Kontaktwinkel deutlich ab – ein Zeichen für eine geschädigte Wachsschicht. Bei einigen Pflanzen konnte während der Begasung eine verminderte Photosynthese nachgewiesen werden, ebenso eine geringere Öffnungsweite der Stomata. Zahlreiche weitere biochemische Parameter wurden untersucht, aber nicht bei allen eine Änderung im Zusammenhang mit der Begasung festgestellt.

Als Resumé kann festgehalten werden, daß einige Parameter eine deutliche Änderung der Waldbodenvegetation belegen, wobei einige Pflanzenarten eindeutig geschädigt wurden, andere jedoch vermehrt auftraten, was wahrscheinlich auf eine geänderte Konkurrenzsituation zurückzuführen ist. Das Ökosystem Waldboden hat sich eindeutig geändert – ob der neue Zustand allerdings „schlechter" ist und ob es zu einer Schädigung des Baumbestandes kommt, kann aus dieser Untersuchung nicht abgeleitet werden. Dieser sehr naturnahe und realistische Versuchsansatz hat somit trotz seines immensen Einsatzes von Arbeitszeit und Material nur einen kleinen Aspekt der Waldschadensproblematik behandeln können.

2.7 Analytik von Umweltschadstoffen

Verbesserungen der Analysetechnik und Entwicklung neuer Verfahren ermöglichen es heute, kleinste Mengen von Stoffen nachzuweisen. Die Forderung, unsere Nahrung solle frei von giftigen Stoffen sein, kann nicht mehr erhoben werden. Sie wird auch in der Tat nicht mehr gestellt, nachdem selbst die giftigste Substanz, die der Mensch bisher hergestellt hat, das sog. Seveso-Dioxin (chemisch: 2,3,7,8-TCDD), heute in allen Nahrungsmitteln, in der Luft und im Boden nachgewiesen werden kann. Vielmehr stellt sich die Frage, in welchen Konzentrationen die betreffenden Stoffe anzutreffen sind und als wie gefährlich diese Belastung eingestuft werden muß.

Die Maßeinheiten, die in der modernen Analytik eine Rolle spielen, haben längst den Bereich des Vorstellbaren verlassen. Hier nur einige Beispiele: Im Trinkwasser dürfen bis zu 50 mg/l Nitrat vorhanden sein; mengenmäßig entspricht das etwa 1 Stück Würfelzucker in 60 Liter (= 6 Eimer) Wasser. Für die Rückstände von Pflanzenschutzmitteln existiert dagegen ein Grenzwert von 0,1 µg/l, d. h. das eine Stück Würfelzucker wäre in 500 vierachsigen Tankwagen mit je 60 Liter Fassungsvermögen (Zuglänge 7,5 km) gelöst. Ist dies nun vernachlässigbar wenig? Rechnen wir einmal anders herum: Der erwähnte Grenzwert von 0,1 µg/l gilt auch für ein Mittel gegen Unkräuter, das Atrazin. Nachdem dieses häufig im Grundwasser nachgewiesen werden konnte, wurde ein Anwendungsverbot ausgesprochen. Wird hier der Grenzwert erreicht, so befinden sich in jeder Tasse Wasser noch 60×10^{12} (60 Billionen) Atrazin-Moleküle.

Beide Rechenbeispiele versuchen, unsere Vorstellungskraft zu „überlisten": Ein Stück Würfelzucker in den Tankwagen erscheint sehr wenig zu sein, 60 Billionen Moleküle dagegen sehr viel; eine Beurteilung läßt sich aus beiden Rechnungen nicht ableiten. Es ist viel bedeutsamer, in welcher Größenordnung in Langzeitexperimenten bereits Effekte beobachtet werden können und welche toxikologisch ableitbaren Grenzwerte sich daraus ergeben (vgl. Abschnitt 4). Von den „Ultragiften" Dioxinen und Furanen geht bereits bei Konzentrationen von einigen Zehnerpotenzen unterhalb des oben genannten Grenzwertes eine Gefahr aus.

Bevor wir uns mit der Analytik der Schadstoffe befassen, hier noch einige Bemerkungen zu den Konzentrationsangaben: Die Angabe „ppm" bedeutet „parts per million", zu deutsch „Teile pro Million". Dabei dürfen immer nur Gewichtsanteile vom Gesamtgewicht oder aber Volumenanteile vom Gesamtvolumen angegeben werden, niemals aber Gewichtsanteile vom Gesamtvolumen oder umgekehrt! Deshalb ist die vielfach verwendete Angabe „ppm = mg/l" streng genommen falsch. Leider hat sich diese Angabe

aber gerade im Bereich der Wasserverunreinigungen eingebürgert; da 1 Liter Wasser (bei 4 °C) 1 kg schwer ist, entsprechen 1 mg/l genau 1 mg/kg, so daß die Einheit ppm verwendet werden darf. Für Konzentrationsangaben in der Luft gilt dies aber nicht! Dort muß auf mg/m^3 (ppb, bezogen auf Volumenanteile) umgerechnet werden.

Es gelten:
1 ppm = 1 mg/kg = 1 mg/l Wasser = 1 µg/g = 10^{-6} g/g,
1 ppb (parts per billion, im deutschen Sprachgebrauch: 1 Milliarde) = 1 µg/kg = 1 µg/l Wasser = 1 ng/g = 10^{-9} g/g,
1 ppt (parts per trillion, im deutschen Sprachgebrauch 1 Billion) = 1 ng/kg = 1 ng/l Wasser = 1 pg/g = 10^{-12} g/g,
1 ppq (parts per quatrillion, im deutschen Sprachgebrauch 1 Trillion) = 1 pg/kg = 1 pg/l Wasser = 1 fg/g = 10^{-15} g/g.

Übliche Vorzeichen:

µ = mikro	=	1/1.000.000
n = nano	=	1/1.000.000.000
p = piko	=	1/1.000.000.000.000
f = femto	=	1/1.000.000.000.000.000

Umrechnungsfaktoren:

1 ppq	=	0,001 ppt
1.000 ppq	=	1 ppt = 0,001 ppb
1.000 ppt	=	1 ppb = 0,001 ppm
1.000 ppb	=	1 ppm = 0,001 g/kg
1.000 ppm	=	1 g/kg = 0,001 kg/kg

2.7.1 Wichtige Analyseverfahren

2.7.1.1 Gaschromatographie (GC)

Die Gaschromatographie ist eines der wichtigsten Verfahren zum Nachweis von organischen Verbindungen. Sie beruht auf der Anwendung des Prinzips des Verteilungsgleichgewichts, das schon bei der Bestimmung des P_{OW} und der Volatilität (Abschnitte 2.3.2 und 2.4.3.2) beschrieben wurde: Zwischen 2 Phasen (gasförmig/fest oder gasförmig/flüssig) stellt sich ein substanzspezifisches Gleichgewicht ein. Im Gaschromatographen ist die Gasphase mobil und wird über eine stationäre feste oder flüssige Phase geleitet.

Die Probe wird am Einlaßventil als Gas oder Flüssigkeit in einen Heizblock injiziert, wo sie verdampft und von wo aus sie vom Trägergas in die Trennsäule transportiert wird. In der Trennsäule werden die einzelnen Substanzen unterschiedlich stark an die stationäre Phase angelagert und vom Trägergas wieder mitgerissen, so daß am Ende der Säule die Stoffe zu unterschiedlichen Zeiten erscheinen: Besitzt ein Stoff eine hohe Neigung zur Anlagerung (Affinität zur stationären Phase), wird er erst sehr viel später im Detektor ankommen als ein Stoff mit geringerer Affinität. Der Detektor reagiert auf alle ankommenden Substanzen mit einem konzentrationsabhängigen Ausschlag (Peak). Welche Substanz gemessen wird, kann durch die Zeit, die seit Ein-

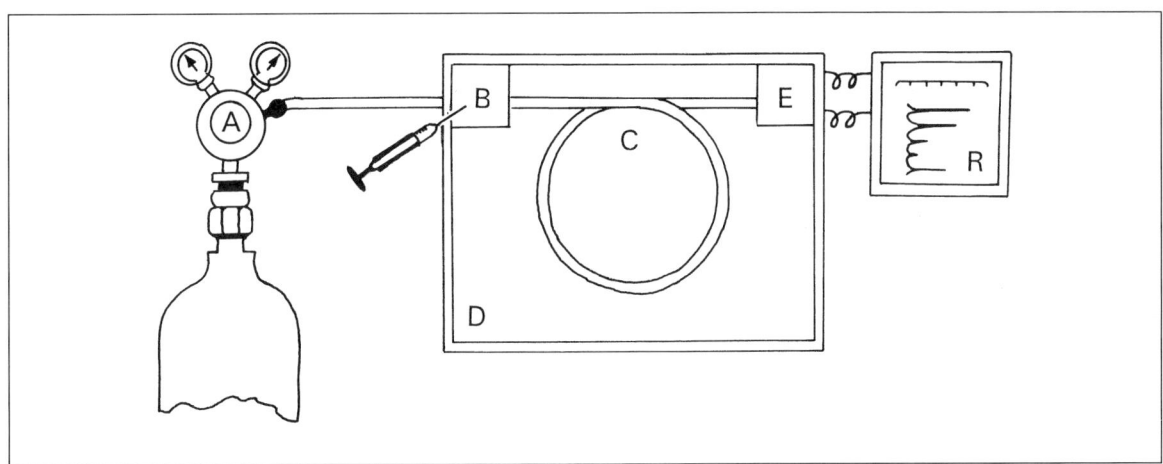

Abb. 17: Aufbau eines Gaschromatographen (nach [23]).

spritzen der Probe vergangen ist (Retentionszeit), ermittelt werden. Mit Hilfe der Retentionszeiten und Peakhöhen von Referenzsubstanzen wird der Gaschromatograph kalibriert, so daß eine quantitative Analyse möglich ist.

2.7.1.2 Massenspektrometrie (MS)

Beim Massenspektrometer werden die Moleküle durch Beschuß mit einem Elektronenstrahl ionisiert (elektrisch geladen) oder in ionisierte Bruchstücke verwandelt. In einem elektrischen Feld werden die Ionen beschleunigt und der Teilchenstrom von elektrischen oder magnetischen Feldern abgelenkt. Die Teilchen werden je nach Masse und Ladung unterschiedlich beschleunigt und verschieden stark abgelenkt. In einer Detektoreinheit werden die auftreffenden Ladungen registriert. Durch Variieren des elektrischen oder des magnetischen Feldes kann das Spektrum (die Verteilung) der unterschiedlichen Massen in der Probe genau analysiert werden. Daraus lassen sich Rückschlüsse auf die Struktur der analysierten Substanz ziehen. Zur Auswertung ist dem MS ein leistungsfähiger Computer nachgeschaltet, der die gemessenen Spektren mit einer Bibliothek mehrerer hunderttausend Spektren bekannter Substanzen vergleicht oder bei Nichterfolg einen Vorschlag zur Struktur der untersuchten Substanz unterbreitet.

Die Hintereinanderschaltung von Gaschromatograph und Massenspektrometer (GC/MS) ist eine ideale Kombination zum quantitativen und qualitativen Nachweis (auch bisher unbekannter) chemischer Substanzen. Am Ausgang des Gaschromatographen erscheinen die Stoffe einzeln; sie können dann vom Massenspektrometer identifiziert werden.

2.7.1.3 Hochdruckflüssigkeitschromatographie (HPLC)

Sollen Stoffe analysiert werden, die schwer flüchtig sind oder sich bei Erhitzung leicht zersetzen, kann nicht mehr mit der GC gearbeitet werden. Die HPLC arbeitet mit einer 10 bis 20 cm langen Säule aus dickwandigem Stahlrohr, die mit der stationären festen Phase gepackt ist. Die Probe wird mit einem Lösungsmittel unter hohem Druck (bis 300 bar) durch die Säule gepreßt, an deren Ende sich, ähnlich wie bei der GC, ein Detektor befindet. Auch hier werden Retentionszeit und Peakhöhe gemessen und mit Referenzproben verglichen. Dieses Verfahren eignet sich besonders gut für schwerflüchtige Stoffe mit geringer Temperaturresistenz, z.B. Naturstoffe, Pestizide und polyzyklische aromatische Kohlenwasserstoffe.

2.7.1.4 Atomabsorptionsspektrometrie (AAS)

Die Atomabsorptionsspektrometrie wird häufig für die Bestimmung von Elementen (u.a. Schwermetalle) eingesetzt. Das Grundprinzip

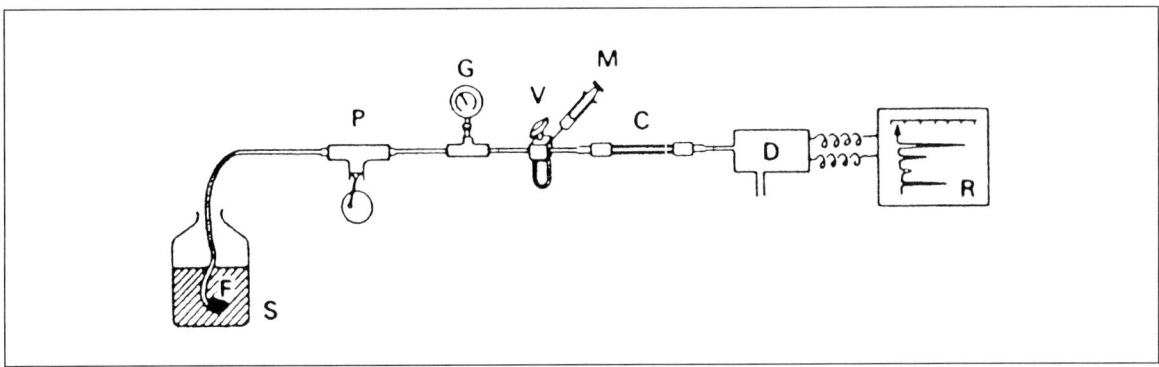

Abb. 18: Aufbau einer Apparatur für die HPLC (nach [23]).

besteht darin, daß die äußeren Elektronen der Atome durch elektromagnetische Strahlung angeregt werden können. Dabei wird eine bestimmte Menge der Strahlung absorbiert. Die Energie der absorbierten Strahlung ist identisch mit der Energie der Elektronenanregung. Da sich die Elektronen nur auf bestimmten element-spezifischen Energieniveaus aufhalten können, wird für die Niveausprünge jeweils eine exakte – ebenfalls elementspezifische – Energiemenge, d. h. Licht einer bestimmten Wellenlänge, benötigt. Wird ein Lichtstrahl durch eine „Gaswolke" geschickt, so werden genau die Wellenlängen abgeschwächt, die zur Anregung der Elektronen des Gases von diesen absorbiert werden.

Im Atomabsorptionsspektrometer wird ein Lichtstrahl, der genau die Wellenlänge des zu untersuchenden Elements enthält (zur Erzeugung des Lichts wird bei der Analyse von Cadmium eine Cadmium-Lampe eingesetzt), durch eine „Gaswolke" der Probe geschickt und die Abschwächung mit einem Photoverstärker gemessen. Die „Gaswolke" wird durch Einsprühen in eine heiße Flamme (Flammen-AAS) oder durch starkes Erhitzen in einem elektrischen Graphitrohrofen (Graphitrohr-AAS) erzeugt. Dabei wird nicht nur die Probe verdampft, sondern die Moleküle werden auch aus ihren Bindungen herausgelöst (atomisiert).

Die Abschwächung des Lichtstrahls ist das gemessene Signal. Durch Vergleich mit Referenzproben ist eine quantitative Analyse möglich. Dieses Verfahren eignet sich für die Analyse der umweltrelevanten Schwermetallkonzentrationen in allen Medien.

2.7.1.5 Emissionsspektrometrie mit Plasmaanregung (ICP)

Die ICP- (**i**nductively **c**oupled **p**lasma) Methode basiert auf der Lichtemission von Atomen in einem sehr heißen Plasma. Durch ein starkes Magnetfeld wird das Edelgas Argon angeregt, und es entsteht ein 8.000 °C heißes Plasma. In dieses wird die gelöste Probe eingespritzt. Die Atome werden energetisch angeregt und emittieren ihre individuellen Wellenlängen. Diese werden aufgetrennt und einzeln mit Photoverstärkern gemessen. Mit dieser Methode ist die gleichzeitige Messung aller umweltrelevanten Schwermetalle und weiterer Elemente möglich.

2.7.1.6 Schnelltests

Chemische Analysen, die aufgrund gesetzlicher Vorgaben vorgeschrieben sind, dürfen nur von einem Labor durchgeführt werden, das eine Zulassung für den entsprechenden Parameter besitzt. Die Analysen sind im Gesetz bzw. einer Verordnung genau vorgeschrieben und im Regelfall recht teuer – erheblich teurer jedenfalls als die im Handel erhältlichen Schnelltests oder Teststäbchen. Damit kann zwar mit einiger Erfahrung auch ein halbwegs richtiges Ergebnis erhalten werden, aber es gibt zu viele Fehlermöglichkeiten, die der Laie nicht erkennt. Diese Tests sollten deshalb nur als Screeningtest oder als Vortest zur Wahl des Meßbereichs eingesetzt werden. Soll z. B. ein Grenzwert überwacht werden, so kann ein Schnelltest-Meßwert, der weniger als 30 % des Grenzwertes anzeigt, als ausreichend sichere Grenzwert-Unterschreitung interpretiert werden. Auf keinen Fall kann mit den Schnelltests ein Ergebnis erhalten werden, das in einer juristischen Auseinandersetzung Bestand hat.

2.7.1.7 Schadstoffmonitore

Zur Überwachung und Steuerung von Kläranlagen und auch bei der Rohwasserentnahme zur Trinkwasseraufbereitung werden kontinuierlich und automatisch arbeitende Analysensysteme eingesetzt; pH-Wert, Leitfähigkeit, Sauerstoffgehalt und gelöster organischer Kohlenstoff lassen sich so problemlos überwachen.

Auch sind zahlreiche Verfahren, bei denen sich die Luftschadstoffe in einem Absorptionsmittel anreichern, verfügbar (Passivsammler). Das Absorptionsmittel wird auf ein Trägermaterial (z. B. Filterpapier) aufgebracht, mit einer geeigneten Vorrichtung (Petrischale, Meßdöschen) am Meßort exponiert und nach mehreren Wochen analysiert. Verschiedene Verfahren zur Überwachung der SO_2-Belastung der Luft mit dem Absorptionsmittel Kaliumcarbonat oder zur Kontrolle der Formaldehyd-Konzentration der Innenraumluft sind verfügbar [7].

Die bekannteste Methode zur Überwachung gefährlicher Arbeitsstoffe sind die „Drägerröhrchen": In einem Glasröhrchen befindet sich ein Absorptionsmittel, das mit der nachzuweisenden Substanz eine Farbreaktion zeigt. Entweder mit Hand- oder mit Elektropumpe wird eine bestimmte Menge Luft durch das Röhrchen gesaugt. Die Konzentration läßt sich an einem wandernden Farbumschlag im Röhrchen ablesen. Für einige hundert Schadstoffe werden solche Prüfröhrchen angeboten (Nachweisgrenzen und Einsatzmöglichkeiten im „Prüfröhrchen-Handbuch"); so läßt sich z. B. Formaldehyd in Wohnräumen ausreichend empfindlich nachweisen. Passivsammler und Prüfröhrchen sind jedoch keine sehr genauen Methoden.

Zur Überwachung der wichtigsten Luftschadstoffe (SO_2, NO_x, CO, Ozon, Staub) werden in ausgedehnten Meßnetzen des Umweltbundesamtes und der Landesanstalten für Umweltschutz automatisch arbeitende Schadstoffmonitore eingesetzt. Diese sehr komplexen Geräte messen in kurzen Abständen den entsprechenden Parameter und schicken in der Regel alle 30 Minuten einen Mittelwert (den sogenannten Halbstundenmittelwert) über Datenfernleitungen zum Bundes- und/oder Landesamt. Die Einrichtung und Unterhaltung dieses Meßnetzes ist mit enormen Kosten verbunden; so liegen die Kosten für einen Monitor für einen einzigen Schadstoff zwischen DM 30.000 und 70.000.

2.7.2 Entnahme von Proben

Bei der Untersuchung von Umweltproben ist es das Ziel, etwas über die Belastung der Umwelt bzw. eines Bereichs dieser Umwelt zu erfahren. Mit allen Methoden aber können wir nur die Chemikalien in dem Teil der Umwelt, den wir als Probe entnehmen und im Labor untersuchen, messen. Diese Proben sollen in ihren chemischen und physikalischen Eigenschaften identisch mit der zu untersuchenden Gesamtmenge sein. Die Kompartimente der Umwelt sind aber nicht homogen. Hier nur einige Beispiele:

— Bereits wenige cm voneinander entfernt werden sehr unterschiedliche Schwermetallgehalte im Boden gemessen.
— In stehenden oder langsam fließenden Gewässern bildet sich eine thermische Schichtung aus, die auch zu Unterschieden im Chemismus führt.
— Wird in ein Fließgewässer ein Abwasser eingeleitet, so findet erst im Laufe einer bei großen Flüssen viele Kilometer langen Fließstrecke eine vollständige Durchmischung statt.
— Abgase aus Kaminen werden je nach Windrichtung in unterschiedlichen Gebieten zu Luftbelastungen führen.

Zu diesen räumlichen Inhomogenitäten kommt noch der Zeitfaktor:

— Abgase aus Industriebetrieben werden dem Produktionsrhythmus folgen.
— Abwässer zeigen ebenfalls sehr stark zeitabhängige Schwankungen: Je nach Einzugsgebiet und vorhandener Industrie sind tägliche, wöchentliche und jahreszeitliche Schwankungen zu beobachten.
— Gemüse nimmt Nitrat aus dem Boden auf. Im Laufe des Tages wird es zum Aufbau der Biomasse verbraucht, so daß am Abend geringere Gehalte gemessen werden als am Morgen.

Es muß deshalb davon ausgegangen werden, daß sich eine jede Probe von der Gesamtmenge unterscheidet. Durch verschiedene Verfahren wird deshalb versucht, repräsentative Proben zu entnehmen. Zur Interpretation analytischer Daten ist es immer wichtig, die Art der Probennahme (aber auch die weiteren Rahmenbedingungen der Analytik) zu berücksichtigen. „Nackte Zahlen" sind nichts wert!

Bei der Untersuchung von Bodenproben werden Mischproben verwendet. Dabei werden die Teilproben von verschiedenen Stellen der Untersuchungsfläche entnommen und gründlich gemischt. Die Probenahmestellen innerhalb der Untersuchungsfläche werden entweder nach einem systematischen Plan oder mit einem Zufallsverfahren ausgewählt. Durch die separate Analyse aller Teilproben lassen sich zwar weitere Aussagen machen (z. B. über Belastungsschwer-

punkte), aber gleichzeitig steigt der analytische Aufwand (hohe Kosten!). Der zeitliche Aspekt spielt bei Bodenproben nur bei einigen Schadstoffen eine Rolle: Wird die Belastung mit Pestizidrückständen (oder allgemein abbaubaren Stoffen) untersucht, ist natürlich mit geringen Konzentrationen im Frühjahr und hohen Werten im Spätsommer zu rechnen.

Im Wasser ist es etwas komplizierter, repräsentative Proben zu entnehmen: Die sehr starken zeitlichen Schwankungen in Fließgewässern erfordern den Einsatz automatischer Probenahmegeräte, die teilweise mit elektronischer Steuerung und Probenkühlung arbeiten. Wird nur eine einzige Probe gezogen, kann es sich um eine extrem hohe oder auch um eine extrem niedrige Konzentration handeln – mit anderen Worten: Die Analyse war umsonst. Erst eine größere Anzahl von Einzelanalysen kann zu einer Beurteilung herangezogen werden. Auch der Ort der Probenentnahme (z. B. Entnahmetiefe, Ufer oder Flußmitte, Abstand von einer Einleitung usw.) hat entscheidenden Einfluß auf das Analysenergebnis.

Wird der Schwermetallgehalt in Gewässersediment-Proben untersucht, so läßt sich dadurch eine Aussage über die Schwermetallbelastung des gesamten Gewässers in den letzten Monaten oder sogar Jahren machen, da sich die Schwermetalle an Partikel im Wasser anlagern und zu Boden sinken. Diese natürliche Sammelprobe ist aber extrem inhomogen, und nur durch sorgfältige Probennahme an verschiedenen Stellen des Gewässerbettes mit Bodengreifern oder Stechzylindern lassen sich repräsentative Proben gewinnen.

Ähnlich wie die Sedimentproben im Bereich der Gewässer können Staubniederschlagsproben stellvertretend für diejenigen Luftschadstoffe, die staubförmig anfallen oder sich an Staubpartikel anlagern, analysiert werden. Mit Staubsammelgefäßen (z. B. Filterpapier im Einmachglas) kann die räumliche Ausbreitung des Gebietes mit erhöhten Schwermetallimmissionen um einen Industriebetrieb herum ermittelt werden.

Nach der Entnahme muß die Probe ins Labor transportiert werden. Die Wahl des Transportgefäßes und die Stabilisierung der Probe sind von großer Bedeutung: Schwermetalle lagern sich an die Wände der Gefäße an – sie müssen z. B. durch bei der Probennahme zugegebene Säuren in Lösung gehalten werden. Leicht zersetzliche Stoffe werden im Entnahmegefäß bereits abgebaut, und aus Kunststoffflaschen können Weichmacher und andere Additive in die Probe diffundieren.

2.7.3 Rückstände in Nahrungsmitteln

Verunreinigungen in Nahrungsmitteln werden als Massenanteile angegeben, üblicherweise als mg oder μg Schadstoff je kg Nahrungsmittel. Dabei wird allerdings die Bezugsbasis unterschiedlich gewählt:

— Trockengewicht (TG), Trockensubstanz (TS) der Nahrungsmittel (wird hauptsächlich in der biologischen Forschung verwendet)
— Frischgewicht (FG) der Nahrungsmittel
  — in der Angebotsform (die Produkte werden so analysiert, wie sie im Laden gekauft wurden);
  — in der Verzehrsform (analysiert wird nach haushaltsüblicher Zubereitung wie Schälen, Waschen, Entfernen der Hüllblätter).
— Fettgehalt (= Fettbasis, d. h. mg Schadstoff in 1 kg Fett des Nahrungsmittels); diese Angabe wird bei den gut fettlöslichen chlorierten Kohlenwasserstoffen häufig verwendet).

2.7.4 Schadstoffe im Wasser

Die Inhaltsstoffe des Wassers werden üblicherweise in Masse je Volumeneinheit (z. B. mg/l oder Mol/l) angegeben (wobei 1 Mol eines Stoffes 6.023×10^{23} Moleküle enthält). Nur ganz selten werden Volumenanteile eines Inhaltsstoffes in Vol-% angegeben (so bei alkoholischen Getränken). Da die Substanzen jedoch nicht aufgrund ihres Gewichtes wirken, sondern die Anzahl der Moleküle und damit der potentiellen Bindungspartner entscheidend ist, wird vor

Tab. 29: Umrechnungsfaktoren für Wasserinhaltsstoffe.

Ion	1 mg/l =	1 mmol/l =
Cl^-	0,028 mmol/l	35,7 mg/l
$Fe^{2+/3+}$	0,018 mmol/l	55,9 mg/l
NH_4^+	0,056 mmol/l	18,0 mg/l
NO_2^-	0,022 mmol/l	46,1 mg/l
NO_3^-	0,016 mmol/l	62,5 mg/l
PO_4^{3-}	0,007 mmol/l	143,0 mg/l
SO_4^{2-}	0,010 mmol/l	10,0 mg/l

Tab. 30: Weitere Umrechnungsfaktoren für Wasserinhaltsstoffe.

4,42 mg/l NO_3^- = 1 mg/l NO_3^--N
3,28 mg/l NO_2^- = 1 mg/l NO_2^--N
3,06 mg/l PO_4^3 = 1 mg/l PO_4^{3-}-P
2,29 mg/l P_2O_5 = 1 mg/l P_2O_5-P
1,29 mg/l NH_4^+ = 1 mg/l NH_4^+N

allem in der wissenschaftlichen Literatur die Konzentration als Anzahl der Moleküle je Volumeneinheit (z. B. mol = Mol/l) angegeben. Ihre Masse entspricht derjenigen Menge (in Gramm), deren Zahl identisch mit der relativen Atom-/Molekülmasse ist. Die relativen Atommassen sind dem Periodensystem der Elemente zu entnehmen, relative Molekülmassen werden aus den Atommassen berechnet.

Beispiele:
Atommasse:
1 Mol Kohlenstoff (C) = 12,011 g
Molekülmasse:
1 Mol Nitrat (NO_3):

	1 Mol Stickstoff (N)	14,007 g
+	3 Mol Sauerstoff (O)	
	(3×15,999=)	+ 47,997 g

1 Mol Nitrat   62,004 g

Die Konzentration von Nitrat im Wasser kann als mg Nitrat (NO_3^-) je Liter Wasser oder als mg Stickstoff (N) in Form von Nitrat je Liter Wasser angegeben werden. In der Einheit wird dies durch einen angehängten Buchstaben (1 mg/l NO_3^--N = 4,42 mg/l NO_3^-) deutlich gemacht.

2.7.5 Luftschadstoffe

Als Konzentrationsangaben sind Masse je Volumeneinheit (z. B. mg/m^3) oder Volumen je Volumeneinheit (z. B. ppmv = ppm by volume, meist nur als ppm geschrieben) gebräuchlich.

Tab. 31: Umrechnungsfaktoren für wichtige Luftschadstoffe.

	1 µ/m³ =	1 ppb =
NH_3	1,41 ppb	0,70 µg/m³
HF	1,20 ppb	0,83 µg/m³
H_2S	0,70 ppb	1,42 µg/m³
NO_2	0,52 ppb	1,91 µg/m³
Ozon	0,50 ppb	2,00 µg/m³
H_2S	0,35 ppb	2,86 µg/m³

3 Bioindikation

Bioindikatoren sind Lebewesen, die in sichtbarer oder meßbarer Weise auf Umweltveränderungen aufmerksam machen, entweder

– durch makroskopisch sichtbare Schäden (Chlorosen = Verfärbungen, Nekrosen = abgestorbene Zellen) oder
– durch meßbare Veränderungen (Schadstoffanreicherung, Stoffwechselveränderungen) oder
– durch ihre Verbreitung bzw. ihr Fehlen an bestimmten Orten. Es handelt sich um eine Wirkungsindikation, das heißt: nicht das Vorhandensein einer chemischen Substanz wird erfaßt, sondern die biotische Wirkung aller am Exponierungsort wirkenden Substanzen.

Testorganismen werden in Laborversuchen eingesetzt, um die Auswirkungen der Testsubstanzen auf Stoffwechselleistungen, Verhalten, Wachstum, Sterberate, Reproduktionsfähigkeit u.a. zu erfassen. Diese Verfahren wurden bereits in den Abschnitten 2.4 (Umwandlungen), 2.5 (Toxikologische Untersuchungen) und 2.6 (Ökotoxikologische Untersuchungen) vorgestellt. Eine Zusammenstellung der verschiedenen Verfahren und eine Fülle von Vergleichswerten zur Beurteilung der verschiedenen Bioindikationsverfahren liefert [2].

3.1 Zeigerorganismen

Zeigerorganismen zeigen aufgrund spezieller Lebensansprüche bestimmte ökologische Zustände im Freiland an.

Die Zeigerwerte nach Ellenberg beschreiben die wichtigsten Standortfaktoren der Pflanzen. Für die Belastung mit anthropogenen Substanzen spielen lediglich der Reaktions- und der Stickstoffzeigerwert eine Rolle. Stickstoffliebende Pflanzen wie die Brennessel (*Urtica dioica*) zeigen Flächen an, die durch übermäßige Düngung besonders Stickstoff-haltig sind. Zu berücksichtigen bleibt, daß auch eine natürliche Stickstoffanreicherung im Boden möglich ist.

Tab. 32: Bioindikation – Überblick über die Verfahren.

Typ[1]	Verwendung[2]	Indikation[3]	Beispiel
Testorganismen	aktiv	Reaktion (und Akkumulation)	Laborversuche zur Toxizität
Zeitorganismen	passiv	Existenz	Kartierungen
Monitororganismen	passiv	Reaktion	Flechtenkartierung Waldschadenserhebung
		Akkumulation	Fichtennadeln
	aktiv	Reaktion	Tabak
		Akkumulation	Weidelgras

[1] Die Einteilung ist nicht sehr scharf getrennt. Einige Verfahren können je nach Einsatz unterschiedlichen Typen zugeordnet werden.

[2] Bei den **passiven** Verfahren sind die Organismen im Ökosystem vorhanden, bei den **aktiven** werden sie in standardisierter Form in diese gebracht.

[3] **Akkumulationsindikatoren** reichern die Schadstoffe an, ohne sichtbar geschädigt zu werden und machen sie dadurch integrativ erfaßbar.
Reaktionsindikatoren zeigen bei Schadstoffbelastung eine spezifische Schadwirkung, die bonitiert werden kann. Zeigerorganismen weisen durch ihre Existenz – Vorhandensein oder Fehlen – auf Zustände im Ökosystem hin.

Tab. 33: Zeigerpflanzen (nach [11]).

Zeigerpflanzen für	Name	Botanischer Name	Zeigerwerte [1]					
			L	T	K	F	R	N
Schatten	Sauerklee	*Oxalis acetosella*	1	×	3	6	4	7
	Bärlauch	*Allium ursinum*	2	×	2	6	7	8
Feuchte	Scharbockskraut	*Ranunculus ficaria*	4	5	3	7	7	7
	Springkraut	*Impatiens noli tangere*	4	5	5	7	7	6
sauren Boden	Sumpfveilchen	*Viola palustris*	6	×	3	9	2	5
basischen Boden	Lungenkraut	*Pulmonaria officinalis*	5	6	5	5	8	6
	Teufelskralle	*Phyteuma orbiculare*	8	3	4	×	8	2
Stickstoff	Brennessel	*Urtica dioica*	×	×	×	6	6	8
	Große Klette	*Arctium lappa*	9	5	4	5	7	9
	Holunder	*Sambucus niger*	7	5	3	5	×	9
	Buschwindröschen	*Anemone nemorosa*	×	×	3	×	×	×

[1]*Bedeutung der Abkürzungen:*

	Zeigerwert:	1 2 3 4 5 6 7 8 9
L Licht:	*Schatten*	*hell*
T Temperatur:	*kalt*	*warm*
K Kontinentalität:	*ozeanisch*	*kontinental*
F Feuchte:	*trocken*	*naß*
R Reaktion (pH):	*sauer*	*alkalisch*
S Stickstoff:	*Wenig*	*viel*

x bedeutet hier indifferent (Der entsprechende Standortfaktor hat keinen Einfluß auf das Vorkommen der Art.)

Ein Beispiel: Die Standortansprüche des Sauerklees sind

L = 1 – schattenliebend
T = × – die Temperatur ist ohne großen Einfluß
K = 3 – extreme Hitze und Kälte wird mäßig gut ertragen
F = 6 – braucht gute Wasserversorgung
R = 4 – saurer Boden pH=4
S = 7 – gute Stickstoffversorgung notwendig

3.1.1 Saprobiensystem

Das Selbstreinigungsvermögen der Gewässer beruht auf der Fähigkeit, fäulnisfähige Stoffe in verhältnismäßig kurzer Zeit so abzubauen, daß der ursprüngliche Zustand des Gewässers weitgehend wiederhergestellt ist. Es handelt sich dabei um biologische Prozesse, an denen im wesentlichen Bakterien und Pilze beteiligt sind. Die organische Substanz im Wasser wird in Salze, Kohlendioxid und Wasser umgewandelt (Mineralisierung). Dabei werden erhebliche Mengen von Sauerstoff verbraucht, so daß bei stärkerer Belastung Sauerstoffdefizite auftreten können, die empfindliche Arten schädigen. In jedem Gewässer stellt sich, entsprechend dem Sauerstoffgehalt und den verfügbaren organischen und anorganischen Nährstoffen, eine bestimmte Artenzusammensetzung ein. Einige der Arten sind an ganz bestimmte Umweltverhältnisse gebunden, sie eignen sich dann als Zeigerorganismen für eine bestimmte Wassergüte. Die Gewässergüte wird in vier Wassergüteklassen eingeteilt. Die nachstehende Beschreibung beginnt mit dem Gewässerabschnitt, der infolge einer Abwassereinleitung sehr stark belastet ist:

Wassergüteklasse IV: Diese Zone ist am stärksten verschmutzt. Das Wasser ist äußerst sauerstoffarm, Faulschlamm setzt sich ab. Einige angepaßte Organismen entwickeln sich massenhaft: Bakterien und Pilze (weiße und rote Schwefelbakterien, fädige Schöpfe des Abwasserpilzes, einige Cyanobakterien (Blaualgen), Geißelalgen (*Euglena*), Glocken- und Wimperntierchen als Bakterienfresser. Von den Tieren fallen hier besonders der Schlammröhrenwurm (*Tubifex*) und die rote Zuckmückenlarve (*Chironomus*) auf. Das Wasser ist stark verkeimt, so daß bereits der Hautkontakt zu Erkrankungen führen kann.

Tab. 34: *Klassifizierung von Saprobienindex und Gewässergüte.*

Saprobienindex S	Benennung	Gewässergüte Stufe	Farbkennzeichnung in Gewässergütekarte
0 −0,5	xenosaprob		
0,5−1,5	oligosaprob	I	blau
1,5−2,5	β-mesosaprob	II	grün
2,5−3,5	α-mesosaprob	III	gelb
3,5−4,0	polysaprob	IV	rot

Wassergüteklasse III: Die Selbstreinigung ist in dieser Zone so weit fortgeschritten, daß Oxidationsprozesse überwiegen. Das Wasser enthält wieder mehr Sauerstoff, doch kann es durch die immer noch zahlreichen Bakterien zu starker Sauerstoffzehrung kommen. Viele Organismen aus der Zone IV kommen auch hier vor, wenn auch nicht in Massenentwicklung. Höhere Tiere und Pflanzen sind noch selten. Viele Kleinstlebewesen: Cyanobakterien, Kieselalgen, Grünalgen und Geißeltierchen überziehen die Steine des Bachbodens. Einige Egel-Arten und nur wenige Insekten-Arten sind zu finden. Diese Gewässer sind zum Baden ungeeignet.

Wassergüteklasse II: Die Bakterienzahl ist in dieser Zone sehr zurückgegangen. Das Wasser ist sauerstoffreich, anorganische und organische Nährstoffe sind reichlich vorhanden; entsprechend artenreich ist die Besiedlung der Ufer und der Bodenzone. Der Bachgrund ist von fädigen Grünalgen besiedelt, auch höhere Wasserpflanzen (Makrophyten) können gut gedeihen. Insektenlarven sind reichlich vorhanden, und auch der Bachflohkrebs (*Gammarus pulex*) kommt schon vor. Diese Gewässer sind oft fischreich. Bei stehenden Gewässern kann es bei Temperaturen um 20 °C zu einer Massenentfaltung von Mikroalgen kommen ("Algenblüten"), durch deren Stoffwechselgifte und Sauerstoffzehrung über Nacht Fischsterben eintreten kann. Baden ist in solchen Gewässern wieder möglich.

Wassergüteklasse I: Der Selbstreinigungsprozeß ist abgeschlossen, das Wasser bakterienarm, sauerstoffreich und fast frei von organischer Substanz. Die Vielfalt der Arten ist geringer, angepaßte Arten sind aber so reichlich vorhanden, daß auch diese Gewässer fischreich sein können (Zone der einheimischen Bachforelle). Nach einer vorangegangenen Abwasserbelastung wird die Güteklasse I selten wieder erreicht, da durch die Mineralisierung der organischen Substanz der anorganische Nährsalzgehalt zu hoch geworden ist. Deshalb ist die Gewässergüte I fast nur noch an Quellen oder im quellnahen Oberlauf der Bäche zu finden. Dies hat einen drastischen Rückgang von Arten zur Folge, die auf sehr reines Wasser angewiesen sind. So findet man von den früher vorkommenden sieben Rotalgen-Arten heute (ganz selten) nur noch eine Art, die Froschlaichalge (*Batrachospermum moniliforme*).

Überwachung und Ermittlung der Gewässergüte

Bereits seit den 70er Jahren erfolgt eine bundesweite Erhebung der Gewässergüte. Die Ergebnisse werden in Gewässergüte-Karten veröffentlicht. Dabei geht die Überwachung nach dem Saprobiensystem auf wissenschaftliche Erkenntnisse vom Anfang dieses Jahrhunderts zurück; sie ist am Sauerstoffbedarf der Zeigerorganismen ausgerichtet. Mit dieser Methode werden allerdings nur diejenigen Wasserverunreinigungen erfaßt, die leicht abbaubar sind. Persistente (chlorierte) Kohlenwasserstoffe, Schwermetalle oder radioaktive Substanzen haben nur dann eine Auswirkung, wenn sie in ungewöhnlich hohen Konzentrationen zur Vergiftung von Organismen führen. Bei Auftreten solcher Effekte ist die Beurteilung eines Gewässers nach dem Saprobiensystem nicht mehr möglich. Spurenverunreinigungen der oben genannten Substanzen werden nicht erkannt.

Die Ermittlung der Gewässergüte erfolgt über die Erfassung von Art und Anzahl der im Gewässerabschnitt lebenden Organismen, im wesentlichen solche Arten, die ohne Mikroskop sichtbar sind. Fische, die sehr scheu und nicht sehr standorttreu sind, werden deshalb nicht berücksichtigt. Die meisten der zur Bewertung geeigneten Arten besiedeln das Gewässerbett. Sie leben anhaftend auf dem Substrat, unter Steinen, unter Laub oder eingegraben im Schlamm. Nach Bestimmung der Art und Schätzung der Häufigkeit wird der sog. Saprobienindex (S) des Gewässers berechnet. Jeder Organismenart ist ein solcher Index zugeordnet, der aus Listen abgelesen werden kann. Die Klassifizierung erfolgt nach Tabelle 34.

$$S = \frac{\Sigma\,(s \times h)}{\Sigma\,h}$$

S = Saprobienindex des Gewässers
s = Saprobienindex der Art (aus der Literatur)
h = Häufigkeit der Art
Σ = Summe

3.2 Biomonitoring

In Tabelle 35 sind die unterschiedlichen Eigenschaften des technischen Monitoring dem Biomonitoring gegenübergestellt. Diese Tabelle zeigt die unterschiedliche Eignung der beiden Verfahren: Zur Überwachung eines einzelnen Betriebes, der einen Schadstoff mit einem gesetzlich festgelegten Grenzwert emittiert, wird immer ein Analysengerät notwendig sein, zumal auch im Winter die Einhaltung des Grenzwertes überprüft werden muß. Sollen hingegen in einem größeren Industriegebiet diejenigen Betriebe identifiziert werden, die besonders viele Schadstoffe freisetzen, ist ein biologisches Verfahren das Mittel der Wahl.

3.2.1 Biomonitoring – Passive Reaktionsverfahren

Bei diesen Verfahren werden Arten untersucht, die im Untersuchungsgebiet vorkommen und durch ihre Reaktion auf die Schadstoffe eine Indikation ermöglichen.

Flechten sind „Doppelorganismen" aus zwei aufeinander angewiesenen Partnern. In dieser Symbiose aus Pilz und Alge übernimmt der Pilz die Versorgung mit Wasser und Nährsalzen; die Algen wiederum wandeln Lichtenergie in die chemische Energie von Kohlenhydraten um und „beliefern" damit den Pilz. Flechten siedeln auf

Tab. 35: Vergleich zwischen technischem Monitoring und Biomonitoring.

Technisches Monitoring (z. B. Luftmeßnetze	Biologisches Monitoring
Analysegeräte – > registrieren	lebende Organismen – > reagieren
Emissions- und Immissionserhebung	Wirkungserhebung
kostenintensiv –> weitmaschiges Netz	kostengünstig – > engmaschiges Netz
durch die eingesetzte Meßtechnik wird fest-gelegt, welche Schadstoffe erfaßt werden können	auch die Wirkung unbekannter oder unver-muteter Schadstoffe wird registriert
erst im Vergleich mit den Ergebnissen aus Laborversuchen können die gemessenen Werte klassifiziert werden	Ergebnisse sind direkt übertragbar zur Pro-gnose der Belastung anderer Organismen
ganzjährig einsetzbar	viele Verfahren sind nur in der Vegetations-periode verfügbar
kurzfristige Änderungen der Schadstoffkon-zentration sind erfaßbar und exakt datierbar	kurzfristige Schwankungen der Schadstoff-konzentration werden integriert
gesetzlich fixierte Luftgütestandards sind meist durch Grenzwerte für Einzelstoffe defi-niert	wenige standardisierte Verfahren und keine Standards für Wirkungen

Felsen, Mauern und Dächern, auf dem Erdboden und auf Baumrinden. Wasser nehmen sie hauptsächlich aus der Luft auf (als Regen und Wasserdampf). Sie sind Meister im Überleben: Erwärmung auf 70 °C, monatelanges Austrocknen und eisige Kälte können von einigen Arten überstanden werden. Ihr Wachstum vollzieht sich sehr langsam (bei den großen Arten höchstens 1 bis 2 cm pro Jahr). Vor allem die Krustenflechten können ein Alter von mehreren hundert Jahren erreichen.

Flechten reagieren auf fast alle Luftschadstoffe wie Schwefeldioxid, Fluorwasserstoff, Ozon, auf Radioisotope, Herbizide und Schwermetalle sehr empfindlich. Im Innenstadtbereich großer Städte führt dies in Zusammenhang mit der geringeren Luftfeuchtigkeit dazu, daß nur wenige Flechten anzutreffen sind.

Eine Kartierung des Flechtenvorkommens an Laubbäumen kann daher zu einer Beurteilung der Luftqualität herangezogen werden. Dazu werden die Flechtenarten bestimmt; der Dekkungsgrad (prozentualer Anteil der besiedelten Rindenfläche) der Flechtenbesiedlung möglichst einer Baumart (nur am Stamm in 0,3 bis 2 m Höhe) unter Berücksichtigung der Himmelsrichtung wird geschätzt. Mit Hilfe der nachstehenden Formel kann aus den gewonnenen Daten ein **I**ndex of **a**ir **p**urity (IAP) berechnet werden:

$$IAP = \sum_{1}^{n} \frac{1}{n} (Q \times f)/10$$

n = Zahl der Arten
Q = ökologischer Index einer Art
f = Frequenz/Flächendeckung

Anhand der ermittelten Werte kann eine Einteilung des Untersuchungsgebietes erfolgen.

Flechten am Standort lassen sich auch gut als Akkumulationsindikatoren für Fluor, Schwermetalle und Herbizide/Fungizide verwenden. Auch Flechtenexponate, meist die Art *Hypogymnie physodes*, kommen zum Einsatz: Sie werden mit der Rinde ausgestanzt und jeweils 10 Parallelen auf einer Exponierungstafel 1,5 m hoch über bewachsenem Boden aufgestellt: Die Erfassung der Absterberate zeigt die Luftbelastung an. Ein vereinfachtes Schema zur Beurteilung der Waldgefährdung ist in Abbildung 19 dargestellt.

Auch der jährlich aktualisierte Waldschadensbericht wird auf der Grundlage eines passiven Biomonitoringverfahrens erstellt. Nach bundesweit einheitlichen Regeln werden ausgewählte Waldbäume den Schadstufen zugeordnet (bonitiert) und die Ergebnisse zusammengetragen. Neben der Begutachtung der Gewässer (Saprobiensystem) ist dies das umfangreichste und bedeutendste Bioindikationsverfahren.

Tab. 36: *Einteilung der Belastungszonen nach dem IAP (nach [2], vereinfacht).*

IAP	Immissionsbelastung	Zone
0– 50	stark	Flechtenwüste
51–100	mäßig	(innere/mittlere) Kampfzone
> 100	schwach	(äußere Kampfzone); Reinluftzone; Normalzone
Flechtenwüste: keine Flechten vorhanden		
Kampfzone: Empfindliche Arten haben den Überlebenskampf gegen Luftbelastungen verloren		

Die Durchführung ist recht einfach: Anhand von typischen Schadbildern der Kronen werden die Bäume bonitiert. Hinzu kommt noch eine Zählung der Nadeljahrgänge: Gesunde Fichten werfen ihre Nadeln erst nach 7 Jahren ab; bei kranken Bäumen kann es je nach Schädigungsgrad bereits nach 2 Jahren zum Nadelabwurf kommen. Anhand der ermittelten Zahlen werden die Waldgebiete nach einer 4 Schadklassen umfassenden Skala eingeordnet.

3.2.2 Biomonitoring – Passive Akkumulationsverfahren

Viele Tiere und Pflanzen reichern die in ihrer Umwelt vorhandenen Gifte in ihrem Organismus an (vgl. Abschnitt 2.4.3). Untersucht man die Schadstoffgehalte der Organismen, können Informationen über die Belastung des Wassers oder des Bodens und der Luft erhalten werden. Da die Anreicherung über eine längere Zeit erfolgt ist, werden so nicht nur Momentanbelastungen erkannt, sondern es wird die längerfristige Situation beschrieben. Außerdem erfolgt durch die Anreicherung eine Konzentrationserhöhung, so daß auch die Analyse einfacher durchzuführen ist.

Bewährt hat sich die Analyse von Schwefel in Nadelbäumen (da die Nadeln zur Hauptbelastungszeit im Winter nicht abgeworfen werden, sind sie dafür besonders gut geeignet), Schwermetallen in Moosen, Wasserpflanzen und Mu-

Tab. 37: Vereinfachtes Schema zur Beurteilung der Waldgefährdung (nach [2]).

Flechtengruppe	Vorkommen und Deckungsgrad	Bonitur	Waldgefährdung
Bartflechte	kommt vor	9	keine
Strauchflechte	kommt vor	8	keine
Blattflechte	> 50 %	7	noch keine
	10–50 %	6	möglich
	< 10 %	5	beginnend
Krustenflechte	häufig	4	beginnend
	Spuren	3	stärkere
Algen	> 50 %	2	starke
	10–50 %	1	sehr starke
	< 10 %	0	sehr stark

scheln, Chlorid in Straßenbäumen (Schädigung durch Streusalz). Auch die Untersuchung der Luftbelastung früherer Jahr(hundert)e durch Schwermetalle ist möglich: Dazu werden die Jahresringe alter Bäume einzeln auf ihren Schwermetallgehalt hin untersucht.

Eindeutig bevorzugt werden bei diesen Methoden die Pflanzen, da ihr Standort genau bestimmbar ist; Tiere sind nicht ortsfest und deshalb weniger gut geeignet. Ein großes Problem – sowohl bei Pflanzen als auch bei Tieren – stellen die vielfältigen (störenden) Einflüsse auf das Akkumulationsverhalten dar: Bei gleicher Belastung mit einem Schadstoff kann es in Abhängigkeit von pH-Wert, Wasserversorgung, Beleuchtung, Nährstoffversorgung u.a. zu unterschiedlichen Konzentrationen in den Monitororganismen kommen. Die Entnahmeorte müssen deshalb mit Sachkenntnis ausgewählt und mögliche Störeinflüsse bei der Interpretation berücksichtigt werden.

3.2.3 Biomonitoring – Aktive Reaktionsverfahren

Bei diesen Verfahren werden die Monitorarten aus dem Gewächshaus/Labor in das Untersuchungsgebiet ausgebracht und die sichtbaren Reaktionen bonitiert. Solche Verfahren werden auch zum Nachweis von photochemischen Oxidantien genutzt. Darunter versteht man eine

Gruppe von Luftschadstoffen, die aus Kohlenwasserstoffen (z.B. verdunstenden organischen Lösungsmitteln, unverbranntem Benzin) und Stickstoffoxiden unter intensiver Sonneneinstrahlung in der Atmosphäre gebildet werden. Der wichtigste Vertreter ist das Ozon, daneben spielen aber auch Aldehyde und PAN (Peroxyacetylnitrat) eine Rolle.

Tabakpflanzen der Sorte Bel W 3 reagieren auf Photooxidantien mit charakteristischen Blattflecken, so daß diese Tabakvarietät zum aktiven Biomonitoring der photochemischen Luftverunreinigungen eingesetzt werden kann. Tabakpflanzen bilden während der gesamten Vegetationsperiode neue Blätter. Die gerade voll ausgebreiteten Blätter zeigen bei Ozonbelastung (und nur dabei) typische Schädigungen: Grauweiße bis gelbbraune Flecken, die mehr oder weniger gleichmäßig über das Blatt verteilt sind. Bei stärkerer Belastung treten pergamentartige elfenbeinfarbige Nekrosen (= abgestorbene Bereiche) zwischen den Leitbündeln der Blätter (Intercostalnekrosen) auf. Da die jeweils jungen Blätter relativ unempfindlich sind, können zeitliche Schwankungen der Belastung erkannt werden.

Die Pflanzen werden in Hydrokultur oder in Einheitserde im Gewächshaus (am besten in gefilterter Luft) angezogen und im 5- bis 6-Blatt-Stadium exponiert. Dazu eignet sich eine Expositionseinrichtung, mit der mehrere Arten parallel der schadstoffhaltigen Luft ausgesetzt wer-

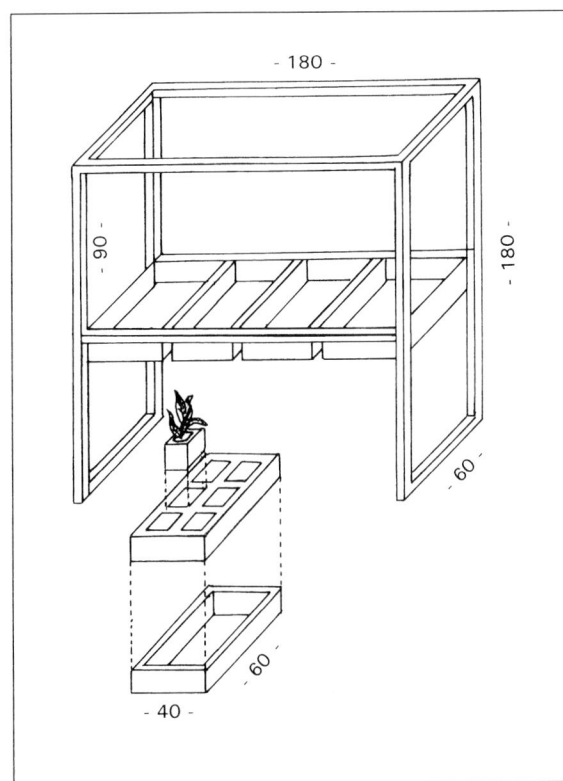

Abb. 19: Expositionseinrichtung für Indikatorpflanzen (nach [2]).

den können (Abb. 20). Die Wasserversorgung erfolgt über Baumwoll- oder Glasfaserdochte aus einem Wasserreservoir, so daß auch bei sehr heißem Wetter nur einmal pro Woche gegossen werden muß. Die Einrichtung ist mit Schattiergewebe (50 % Verminderung des Sonnenlichts)

in alle Richtungen (außer Norden) gegen zu intensive Bestrahlung geschützt. Durch die Beschattung reagieren viele Pflanzen wesentlich empfindlicher auf Photooxidantien.

Zwar wurden schon zahllose Untersuchungen mit diesem Verfahren durchgeführt, und auch die parallele Erfassung einerseits der Ozonkonzentration und zum anderen der Blattschädigungen ist öfters durchgeführt worden. Trotzdem kann man die Ozonkonzentration aus den beobachteten Wirkungen nur sehr grob abschätzen. Dies liegt nicht zuletzt daran, daß eine starke Abhängigkeit des Schädigungsgrades von meteorologischen Einflüssen wie Licht, Temperatur, relativer Feuchte und Windgeschwindigkeit besteht. Durch Untersuchungen in der Region Untermain konnte gezeigt werden, daß stadtferne Pflanzen stärker geschädigt waren; das Maximum der Schäden war erst in 18 bis 28 km Entfernung vom Emittenten zu beobachten. Dies hängt damit zusammen, daß das in der Stadt aus Vorläufersubstanzen gebildete Ozon in der Stadt selbst und im stadtnahen Bereich durch Stickoxide wieder abgebaut wird. Erst wenn zum Stadtrand hin die Stickoxide weniger werden, treten hohe Konzentrationen auf [31].

3.2.4 Biomonitoring – Aktive Akkumulationsverfahren

Organismen aus dem Gewächshaus oder dem Labor werden in der Umwelt den Schadstoffen

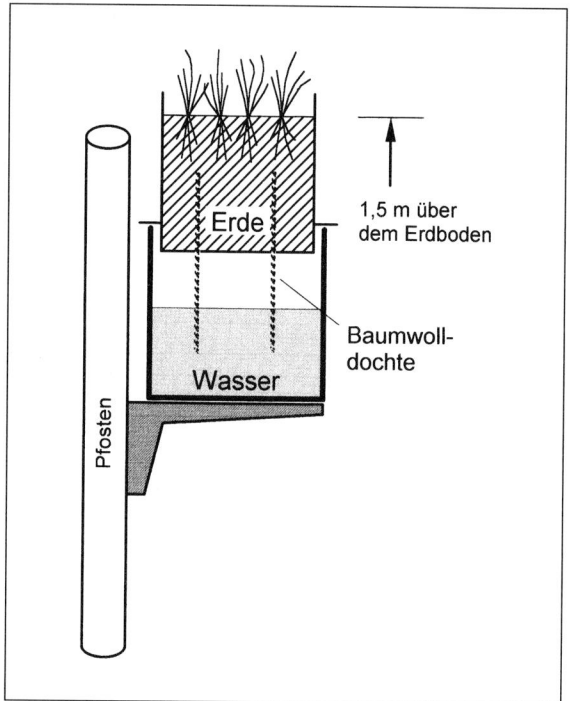

Abb. 20: Expositionsgefäße für Bioindikatoren, insbesondere die Standardisierte Graskultur.

den ist. Diese Richtlinie gilt allerdings nur für den Nachweis der Fluorbelastung. Die Standardisierte Graskultur mit dem Welschen Weidelgras (*Lolium multiflorum* ssp. *italicum*, Sorte Lema) wird heute vielfach zur Bioindikation der Schwermetall- und Schwefelbelastung eingesetzt. Dazu werden die Pflanzen in Einheitserde eingesät und im Gewächshaus (am besten mit gefilterter Luft) angezogen. Die Pflanzen werden etwa 2 Wochen nach dem Auflaufen auf ca. 4 cm zurückgeschnitten und in einem speziellen Gefäß exponiert (Abb. 21). Aus einem Reservoir erfolgt die Wasserversorgung über Glasfaser- oder Baumwolldochte (10 bis 30 Tage wartungsfreier Betrieb). Die Gefäße werden frei im Gelände auf Pfosten befestigt, so daß sich die Oberkante in 1,5 m Höhe befindet. Eine Beschattung oder ein windgeschützter Platz sind ungünstig, da ein an allen Stationen gleichmäßiges Wachstum und eine gute Anströmbarkeit gewährleistet sein müssen.

ausgesetzt; nach einiger Zeit erfolgt die Analyse der akkumulierten Schadstoffe.

Die „Standardisierte Graskultur" ist eines der wenigen Verfahren zur Bioindikation, das durch eine Richtlinie des Vereins Deutscher Ingenieure (VDI-Kommission zur Reinhaltung der Luft, Richtlinie Nr. 3792 Blatt 1 und 2, 1978) genormt wor-

Nach 2 oder 4 Wochen werden die Gräser geschnitten, getrocknet, pulverisiert und die Inhaltsstoffe analysiert. Auf diese Weise können Immissionen durch Schwermetalle (Cd, Pb, Ni, Zn, Cu), Schwefel, Fluorid und Chlorid nachgewiesen werden.

3.3 Der Mensch als Bioindikator

Auch der Mensch kann als Bioindikator fungieren: Untersucht werden können

– Blut, Urin, Muttermilch, Haare, Zähne, Ausatemluft, Gewebeproben und Leichen auf Konzentrationen von
– Schwermetallen, organischen Lösungsmitteln, chlorierten Kohlenwasserstoffen, Insektiziden, Kohlenmonoxid und Fluorverbindungen.

Nicht nur die Schadstoffe selbst, auch Enzyme und Eiweißkörper, die bei Belastung des Menschen mit Blei, Cadmium oder Quecksilber im Blut und Harn vorhanden sind, können untersucht werden. Sie liefern Hinweise auf die aktuelle Belastungssituation. Zweck dieser Untersuchungen kann die Frage nach der individuellen Belastung – z. B. durch Chemikalien am Arbeitsplatz oder in der Umgebung von Emittenten – sein. Mit anderen Methoden wird versucht, räumliche Unterschiede in der Belastung der Menschen zu erkennen (Frage: Ist der Stoff X in Stadtbewohnern oder in der Landbevölkerung stärker akkumuliert?) oder zeitliche Entwicklungen aufzudecken (Frage: Ging die Belastung mit dem Stoff X in den letzten 10 Jahren zurück?). Nicht anwendbar sind diese Untersuchungen auf SO_2, NO_2, O_3, Cl_2, HCl, NH_3, H_2S, HCN, Formaldehyd, Asbest und andere Feinstäube sowie auf allergieauslösende Stoffe (da diese Stoffe entweder sehr schnell verstoffwechselt werden oder der Nachweis nicht möglich ist).

3.3.1 Chlorierte Kohlenwasserstoffe in der Muttermilch

Eine besondere Problematik ergibt sich bei der Belastung der Muttermilch. Sie spiegelt einerseits die Belastung der Mutter wider und ist andererseits alleiniges Nahrungsmittel des Säuglings in den ersten Lebensmonaten. Die Belastung der Muttermilch mit Chemikalien wurde 1984 im Auftrage der Deutschen Forschungsgemeinschaft untersucht [9]. Neben der Gefährdung des Säuglings durch Medikamente, Tabakrauch und Alkohol (alle drei Substanzgruppen sind in der Muttermilch nachweisbar) wurde besonders intensiv die Kontamination der Muttermilch mit persistenten chlorierten Kohlenwasserstoffen untersucht.

Folgende Stoffe dieser Substanzklasse wurden in der Muttermilch gefunden:

– **HCB:** Das Hexachlorbenzol wurde als Saatbeizmittel, zur Bodenentseuchung, als Holzschutzmittel und als Weichmacher in Kunststoffen eingesetzt. Heute gelangt es immer noch als unerwünschtes Abfallprodukt oder Verunreinigung in die Umwelt.

– **HCH:** Hexachlorcyclohexan, ein technisches Produkt, dessen Bestandteil γ-HCH eine insektizide Wirkung hat und als Lindan im Handel ist. Neben dem γ-HCH wurden auch die anderen Bestandteile des „technischen

HCH", α- und β-HCH, nachgewiesen. Diese 3 (und noch einige mehr) Isomere unterscheiden sich nur minimal in der räumlichen Stellung der Atome zueinander.

— **Dieldrin:** Dieses Insektizid ist seit 1971 in der Landwirtschaft nicht mehr zugelassen.

— **Heptachlorepoxid:** Heptachlor ist ein Insektizid, das im Organismus in das (giftigere) Heptachlorepoxid ungewandelt wird. In der Bundesrepublik ist Heptachlor seit 1981 für alle Anwendungsformen in der Landwirtschaft nicht mehr zugelassen. Es wird aber in zahlreichen südlichen Ländern vermutlich noch im Baumwollanbau eingesetzt.

— **DDT/DDE:** Das insektizide DDT ist seit 1972 durch ein eigenes Gesetz (!) komplett verboten (Produktion, Handel, Anwendung, Import, Export und Erwerb sind nicht erlaubt). DDE ist das wichtigste Umwandlungsprodukt und in seiner Gefährlichkeit dem DDT vergleichbar.

— **PCB:** Bei dieser Substanzklasse (mit 209 verschiedenen Substanzen) handelt es sich um die polychlorierten Biphenyle. PCBs wurden als Flammschutzmittel, Weichmacher in Kunststoffen, Hydrauliköle im Bergbau, Isolierflüssigkeiten in Kondensatoren und Großtransformatoren eingesetzt. Produktion, Handel und Anwendung sind seit 1989 verboten.

— **Dioxine:** Hierzu werden die polychlorierten Dibenzodioxine (75 verschiedene Substanzen) und die polychlorierten Dibenzofurane (135 verschiedene Substanzen) gezählt. Von den insgesamt möglichen 210 Verbindungen wurden aber nur diejenigen in der Muttermilch nachgewiesen, die mindestens an den Kohlenstoffatomen 2, 3, 7 und 8 chloriert waren. Es wird vermutet, daß diese 15 Verbindungen besonders stabil sind [3]. Über die meisten der 210 Dioxine und Furane liegen keine ausreichenden toxikologischen Kenntnisse vor. Am besten untersucht ist das 2,3,7,8-Tetrachlordibenzo-p-dioxin (TCDD), das bei dem Unfall in Seveso freigesetzt wurde und deshalb auch als Seveso-Dioxin bezeichnet wird. Es ist die giftigste Substanz in der Klasse der Dioxine und Furane. Allen anderen wird ein Toxizitäts-Äquivalenz-Faktor (TE-Faktor) relativ zu 2,3,7,8-TCDD ($=1$) zugeordnet. Die gemessenen Konzentrationen der einzelnen Dioxine und Furane werden mit dem entsprechenden TE-Faktor multipliziert, die Äquivalenzkonzentrationen werden dann addiert. Die Angabe 10 ng TE bedeutet, daß die gefundenen Dioxine und Furane in ihrer Giftigkeit 10 ng Seveso-Dioxin entsprechen.

Dioxine wurden nie absichtlich produziert, sondern gelangen als Verunreinigung in einer großen Zahl chlorierter Kohlenwasserstoffe und als Verbrennungsprodukte in die Umwelt.

Tab. 38: Duldbare und gemessene Konzentration von chlorierten Kohlenwasserstoffen in der Frauenmilch (nach [9]).

Substanz	Duldbare Konzentration (mg/kg Milchfett)[1] drei Sicherheitsfaktoren			Gemessene Konzentration (mg/kg Milchfett) Medianwert [2]
	1000	100	10	
a-HCH	0,096	0,96	9,57	0,011
Heptachlorepoxid	0,010	0,10	0,96	0,022
Dieldrin	0,002	0,02	0,19	0,029
G-HCH	0,191	1,91	19,13	0,041
β-HCH	0,019	0,19	1,91	0,230
HCB	0,011	0,11	1,15	1,050
PCP	0,019	0,19	1,91	1,510
DDT + DDE	0,096	0,96	9,57	1,510

[1] Berechnet für einen Säugling im Alter von 4 Monaten mit 6,6 kg Körpergewicht, tägliche Aufnahme von 850 ml Milch mit 34,5 Milchfett (Berechnung der „Duldbaren Konzentrationen" und toxikologische Beurteilung der „Sicherheitsfaktoren" siehe Abschnitt 4.1.1.)

[2] Medianwert: Es liegen genau 50 % der Proben unterhalb dieses Wertes und 50 % darüber. Gegenüber dem Mittelwert (Summe aller Werte, geteilt durch die Anzahl der Werte) ergeben sich in der Regel kleinere, aber besser interpretierbare Werte, da einzelne Spitzenwerte (Ausreißer) nur gering gewichtet werden.

Die Deutsche Forschungsgemeinschaft kommt zu folgendem Schluß: „Der unter den genannten Voraussetzungen angestellte Vergleich zeigt deutlich, daß nicht alle in der Frauenmilch festgestellten Mengen an Organochlorverbindungen mit gleicher Zuverlässigkeit als toxikologisch unbedenklich angesehen werden können: während bei α- und γ-Hexachlorcyclohexan und wohl auch bei Heptachlorepoxid duldbare Konzentrationen, die unter Verwendung der Sicherheitsfaktoren 1.000 bis 100 berechnet wurden, in der Frauenmilch praktisch nicht überschritten werden, bleiben die Werte für Hexachlorbenzol und die Polychlorbiphenyle und in abgeschwächter Weise auch für Gesamt-DDT, Dieldrin und β-Hexachlorcyclohexan nur dann unter den Grenzen duldbarer Konzentrationen, wenn bei deren Berechnung Sicherheitsfaktoren zwischen 100 und 10 als genügend zuverlässig akzeptiert werden" [9].

Diese Beurteilung des Jahres 1984 geschah noch in Unkenntnis der Belastung mit Dioxinen, da erst in den letzten 10 Jahren die instrumentellen Voraussetzungen geschaffen wurden, diese Ultragifte überhaupt nachzuweisen. Zwischenzeitlich wurden zahlreiche Untersuchungen durchgeführt; als Ergebnis läßt sich eine weitgehend gleichmäßige Belastung der Frauenmilch mit etwa 30 ng TE/kg Milchfett feststellen.

Im Vergleich dazu wurden in Kuhmilch sowie in Butter, Rind- und Schweinefleisch etwa 1 ng TE/kg Fett gemessen. Die Belastung eines erwachsenen Menschen beträgt etwa 1,3, die eines Säuglings 89 pg TE/kg KG pro Tag!

Tab. 39: Dioxine und Furane in Frauenmilchproben; Anzahl der Analysen: 728.

Minimumwert	5,6 ng TE/kg Fett
Medianwert	29,2 ng TE/kg Fett
Mittelwert	30,6 ng TE/kg Fett
Maximumwert	87,1 ng TE/kg Fett

Der Leiter des Fachgebiets Rückstandsanalytik am Max-von-Pettenkofer-Institut des Bundesgesundheitsamtes, Prof. Dr. Beck, kommt mit seinen Kollegen zu dem Schluß: „Als besonders kritisch sind jedoch die PCDD- und PCDF-Gehalte in Frauenmilch hinsichtlich der Belastung des Säuglings anzusehen. ... Vergleicht man diese Mengen (Anmerkung des Autors: 89 ng TE/kg KG/d) mit der im „Sachstandsbericht" vorgeschlagenen tolerierbaren Aufnahmemenge von 1 bis 10 pg TCDD/kg KG/d (inzwischen auf 1 pg TCDD/kg/d reduziert), so erkennt man, daß dieser Grenzwert damit erheblich überschritten wird. Es muß allerdings darauf hingewiesen werden, daß diese am ADI-Konzept (vgl. Abschnitt 4.1.1) orientierte Vorgehensweise nur ein Hilfsmittel für administrative Grenzwertfestsetzungen darstellt. Sie ist kein wissenschaftliches Verfahren für die Ermittlung eines realen Risikos. Da dieses Konzept außerdem für eine lebenslange tägliche Aufnahme angesetzt ist, sollte es auf die relativ kurze Zeit des Stillens ohnehin nicht angewendet werden. Zusammenfassend läßt sich feststellen, daß die Belastung des Säuglings mit diesen Mengen an PCDD und PCDF unter dem Aspekt der gesundheitlichen Vorsorge als bedenklich angesehen werden muß. Ein nachweisbares Risiko aus diesen PCDD- und PCDF-Gehalten in Muttermilch ist aufgrund derzeitigen Wissens nicht erkennbar. Diese Daten begründen jedoch ein dringendes Gebot, wirksame Maßnahmen zur Minimierung aller PCDD/PCDF-Emissionen zu ergreifen" [3].

Der Kieler Toxikologe Prof. Wassermann äußert sich deutlich weniger zurückhaltend: „In den letzten Jahren wurde dagegen im internationalen Schrifttum die hohe Belastung der Muttermilch mit PCDD/PCDF – einschließlich des „Seveso-Giftes" 2,3,7,8-TCDD – in zahlreichen wissenschaftlichen Arbeiten belegt. Die toxikologische Bewertung alleine der PCDD/PCDF macht deutlich, daß zwischen der im Tierversuch bereits krebserregenden Dosis dieser Stoffe und derjenigen, die dem Säugling über die Muttermilch bei uneingeschränkter Stilldauer zugeführt wird, kein Sicherheitsabstand mehr besteht. Dieser Tatbestand mußte Toxikologen dazu veranlassen, vom Stillen gänzlich abzuraten" [37].

Unzweifelhaft hat das Stillen des Säuglings mit Muttermilch jedoch auch zahlreiche positive Effekte:

— Die Ernährung ist ausgewogener,
— Abwehrstoffe werden von der Mutter auf das Kind übertragen und
— der stärkere Körperkontakt bedeutet besonders günstige psychische Bedingungen für das Kind [9].

Eine rein naturwissenschaftlich begründete Abwägung dieser Vorteile gegen die zuvor genannten toxikologischen Risiken mit dem Ergebnis einer allgemeingültigen Entscheidung für oder wider das Stillen ist jedoch nicht möglich.

3.4 Umweltprobenbanken

Eine Umweltprobenbank ist eine Sammlung der Umwelt entnommener Proben, die bei tiefen Temperaturen gelagert werden, um sie so über lange Zeiträume chemisch unverändert zu konservieren. Sie ist ein nützliches Hilfsmittel zum Umweltmonitoring über lange Zeiträume. In der Bundesrepublik existiert eine solche Umweltprobenbank seit 1985. Sie wird, von der Bundesregierung finanziert, von Großforschungseinrichtungen (KFA, Forschungszentrum Jülich, GSF, Gesellschaft für Umwelt und Gesundheit) sowie einigen Universitätsinstituten (Saarbrücken, Münster) betreut.

Diese Umweltprobenbank dient folgenden Zielen:

— Aufstellung von Trendanalysen zur Umweltkonzentration von Schadstoffen aus Originalproben der Vergangenheit. Dies ermöglicht sowohl eine Abschätzung des Gefährdungspotentials eines Stoffes als auch eine Erfolgskontrolle von eingeleiteten Anwendungsbeschränkungs- bzw. Verbotsmaßnahmen.
— Überwachen des Auftretens neuer Chemikalien in der Umwelt, das vor dem Inverkehrbringen nur anhand theoretischer Überlegungen und Modelle abgeschätzt werden kann.

Tab. 40: Probenarten in der deutschen Umweltprobenbank.

Nr.	Material/Organismus	Wissenschaftlicher Name	Organe
1.–3	verschiedene Böden		
4.	Süßwassersediment		
5.	Marines Sediment		
6.	Weidelgras	*Lolilum multiflorum*	Blätter
7.	Fichte	*Picea abies*	einjähriger Trieb
8.	Pyramidenpappel	*Populus nigra*	Blätter
9.	Regenwurm	*Allolobophora longa*	Gesamtkörper
10.	Reh	*Capreolus capreolus*	Fettgewebe, Niere
11.	Amsel	*Turdus merula*	Leber, Gehirn
12.	Silbermöwe	*Larus argentatus*	Ei
13.	Dreikantmuschel	*Dreissena polymorpha*	Ei
14.	Miesmuschel	*Mytilus edulis*	Weichteile
15.	Braunalge	*Fucus vesiculosus*	Weichteile
16.	Kabeljau	*Gadus morrhua*	
17.	Flunder	*Plegronectis flesus*	Leber
18.	Brachsen	*Abramis brama*	Muskulatur
19.	Klärschlamm		Muskulatur
20.	Humanblut		
21.	Humanleber/-niere		
22.	Humanfettgewebe		
23.	Humanharn		
24.	Humanplacenta		
25.	Atmosphärische Schwebstoffe		

— Retrospektive (nachträgliche) Bestimmung von Umweltchemikalien, die zum Zeitpunkt der Einlagerung noch nicht als Schadstoffe bekannt waren oder deren Bestimmung wegen unzulänglicher Analyseverfahren nicht mit hinreichender Genauigkeit möglich war.

— Bereitstellung von Vergleichsproben zur Nachprüfung früher erhaltener Monitorergebnisse.

– Einstieg in eine flächendeckende Umwelt-
  überwachung.

Die Art des in der deutschen Umweltprobenbank einzulagernden Probenmaterials wurde in
Expertengesprächen festgelegt und wegen der
Probenahme- und Lagerkosten vorerst auf 25
verschiedene Materialien begrenzt. Das Proben-
material stammt entweder direkt von Lebewesen, oder es handelt sich um Boden- und Sedimentproben sowie um Schwebstoffe aus der
Luft (Tab. 40). Diese Proben werden an ausgewählten repräsentativen Orten in regelmäßigen
zeitlichen Abständen nach festgelegten Probe-
nahmeregeln entnommen und nach standardisierter Vorbereitung auf eine Auswahl anorganischer Stoffe und halogenierter sowie polyzykli-
scher Kohlenwasserstoffe untersucht und in
Tiefsttemperaturzellen (-80 °C) oder über flüssi-
gem Stickstoff (-150 bis -190 °C) eingelagert. Die
strenge Lokalisierung der Probenahmeorte bzw.
Standardisierung der Probenvorbereitung ist
notwendig, um die Vergleichbarkeit der Proben
zu gewährleisten.

4 Grenz- und Richtwerte

Grenz- und Richtwerte sind Umweltstandards, die Analysenergebnisse interpretierbar machen, indem sie eine Klassifizierung in „duldbar" oder „nicht mehr duldbar", in „ungefährlich" oder „gefährlich", in „erlaubt" oder „verboten" oder in „normal" oder „überhöht" ermöglichen.

Zwar wird am häufigsten von „Grenzwerten" gesprochen, doch werden auch zahlreiche andere Bezeichnungen verwendet: So ist von „Leitwerten", „Zielwerten", „Richtwerten", „Orientierungswerten", „Schwellenwerten", „Eingreifwerten", „Eckwerten", „Kennwerten", „Normwerten", „Höchstmengen", „Diskussionswerten" u. a. die Rede. Jeder Begriff soll die besondere Funktion eines Wertes hervorheben. Aber leider gibt es in der wissenschaftlichen Literatur noch keine allgemein akzeptierte Standardisierung der Bezeichnungen. Es wird hier deshalb auf einen Normungsvorschlag des DIN hingewiesen. Demnach sind Grenzwerte durch eine Rechtsvorschrift (Gesetz, Verordnung, Satzung, Bescheid) festgelegt, während Richtwerte (oder auch Orientierungswerte) durch Institutionen, Gremien, Kommissionen oder Verbände (in seltenen Fällen auch von einzelnen Wissenschaftlern) genannte Werte ohne rechtliche Verbindlichkeit darstellen.

Nur diejenigen Umweltstandards, die in Gesetzen, Verordnungen und Satzungen oder – in seltenen Fällen – in behördlichen Bescheiden (aufgrund einer rechtlichen Ermächtigung) festgeschrieben werden, sollten im Interesse sprachlicher Klarheit als Grenzwerte bezeichnet werden. Alle anderen (unverbindlichen) Werte können dann als Richtwerte zusammengefaßt werden.

Der Satz: „Richtwerte markieren die Schwelle des Risikos, Grenzwerte die des Gerichtssaals" bringt den elementaren Unterschied zwischen den Begriffen „Richtwert" und „Grenzwert" auf den Punkt: Grenzwertüberschreitungen sind rechtlich bedeutsam, die darauf folgenden Konsequenzen sind bereits in der entsprechenden Rechtsvorschrift festgelegt und auch gelegentlich Gegenstand gerichtlicher Verfahren (Ordnungswidrigkeiten, Strafverfahren).

Grenzwerte stellen eine Obergrenze dar, deren Überschreitung Konsequenzen hat. Das ermöglicht es aber auch, daß Grenzwerte „ausgeschöpft werden" dürfen: In einigen Bereichen stellen sie vom Emittenten einklagbare Höchstwerte für noch zulässige Umwelteinwirkungen dar. Existiert ein Grenzwert, so darf ein Anlagenbetreiber trotz verfügbarer Emissions-Vermeidetechnik auch bei Neuinstallationen die (billigeren) Maschinen mit höheren Emissionen anschaffen, wenn er dadurch den Grenzwert einhält. Es kann ihm nicht vorgeschrieben werden, die neue emissionsarme Technik zu installieren.

In einigen Rechtsvorschriften wird jedoch verlangt, die fortschreitende technische Entwicklung auf dem Gebiet der Emissionsminderung und beim Ersatz problematischer Stoffe unabhängig von der Einhaltung von Grenzwerten zu berücksichtigen, z. B. die „Dynamisierungsklausel" in der TA Luft oder das „Minimierungsgebot" der Gefahrstoff-Verordnung.

4.1 Entstehung der Grenz- und Richtwerte

Die Festlegung der Grenz-, Richt- und Orientierungswerte erfolgt nach verschiedenen Gesichtspunkten, die bei den einzelnen Grenz- und Richtwerten unterschiedlich gewichtet werden:

– Humantoxikologie
– Ökotoxikologie
– Technische Machbarkeit
– Erkennen von Belastungsschwerpunkten
– Vorsorge
– Einhaltung anderer Grenz- oder Richtwerte

– Ästhetische Aspekte
– Materialschutz

4.1.1 Humantoxikologische Gesichtspunkte – ADI-Konzept

Bei der Berechnung der Grenz- und Richtwerte wird i. a. davon ausgegangen, daß

– es eine Wirkungsschwelle gibt, unterhalb der die aufgenommene giftige Substanz ohne jegliche Wirkung bleibt (Abb. 23),
– die Wirkungsschwelle durch Tier- oder Pflanzenversuche hinreichend genau ermittelt werden kann und
– die Ergebnisse von Tierversuchen auf den Menschen übertragbar sind und die Unter-

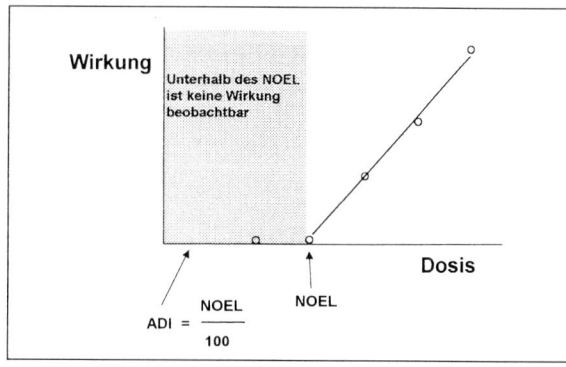

Abb. 21: Schwellenwert für toxische Wirkungen von Chemikalien.

schiede oder ungünstigen Umstände durch die Einführung von Sicherheitsfaktoren kein Risiko mehr darstellen.

Krebsauslösende und erbgutverändernde Stoffe haben keinen Schwellenwert: Mit kleinerer Schadstoffdosis verringert sich nur die Wahrscheinlichkeit des Auftretens von Schädigungen, ohne daß es zu einem echten Nullwert kommt (Abb. 22). Es ist deshalb allgemein akzeptiert, daß für derartige Stoffe keine toxikologisch abgeleiteten Grenz- oder Richtwerte berechnet werden.

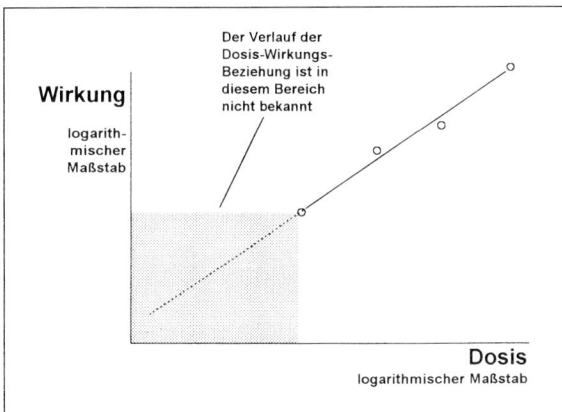

Abb. 22: Dosis-Wirkungs-Beziehung bei krebsauslösenden Stoffen.

Das ADI-Konzept

Anhand der Ergebnisse von Tierversuchen wird mit Rechenverfahren der ADI- Wert (**A**cceptable **D**aily **I**ntake) ermittelt, bei dessen Einhaltung kein unakzeptabler Schaden am „Schutzgut Mensch" mehr auftritt. Die Rechenverfahren zur Ermittlung der Grenz- oder Richtwerte folgen dabei einem international gebräuchlichen Grundschema (s. Abb. 25):

Mit langfristigen Tierversuchen zur Untersuchung chronischer Vergiftungseffekte wird diejenige Dosis des Schadstoffes ermittelt, die gerade noch keinen Effekt ausgelöst hat. Sind mehrere Ergebnisse aus unterschiedlichen Versuchen bekannt, so ist der niedrigste Wert zu verwenden. Die Versuche sollen mindestens über das gesamte Leben einer Generation der Versuchstiere durchgeführt werden; sie können in Ausnahmefällen auch mehrere Generationen umfassen. Aus der Wirkstoffkonzentration im Futter der Tiere wird der **N**o **O**bserved **E**ffect **L**evel (NOEL) in mg Wirkstoff je kg Versuchstier berechnet (s. a. Abschnitt 2.5.4), bei dem keinerlei Wirkungen mehr am Tier beobachtet wurden.

Der NOEL wird um einen Sicherheitsfaktor herabgesetzt. Dieser Faktor ist ein „mathematisch-naturwissenschaftlich nicht belegbarer Schätzwert" [6]; er liegt zwischen 10 und 2.000 (meist um 100) und wird mit unterschiedlicher Begründung festgelegt:

a) Berücksichtigung der unterschiedlichen Stoffwechselaktivität zwischen Tier und Mensch durch den Faktor 10 und zusätzlich ein Sicherheitsfaktor von 10 ergibt 100 [6].

b) Der Mensch reagiert ungefähr 10mal empfindlicher als die Ratte, und manche Menschen sind 10mal empfindlicher als der Durchschnitt. Dies ergibt den Sicherheitsfaktor 100. Bei unvollständigen Daten oder wenn Tierversuche nur über wenige Monate durchgeführt wurden, erhöht sich der Faktor [24].

c) Wie b), jedoch bei wenigen Daten zusätzlich der Faktor 10 [28].

d) Bei der Berechnung von Grenz- oder Richtwerten für die Muttermilch soll ein zusätzlicher Sicherheitsfaktor von 2,5 für Säuglinge und Kleinkinder berücksichtigt werden [9].

Der so gewonnene ADI-Wert (auch ATD = **a**nnehmbare **T**ages**d**osis oder DTA = **d**uldbare **t**ägliche **A**ufnahmemenge) in mg Schadstoff je kg Körpergewicht wird auf einen Normalbürger mit 60 kg Körpergewicht umgerechnet. Dabei wird der ADI-Wert für die Normalperson durch die konsumierte Menge der Nahrungsmittel, die mit dem Schadstoff in Kontakt kommen, dividiert: So ergibt sich die duldbare Konzentration. Die Verzehrsmenge ist ein Durchschnittswert aufgrund von Erhebungen der Deutschen Gesellschaft für Ernährung. Bei der Festsetzung der Höchstmengen für Pflanzenschutzmittel-Rückstände in Lebensmitteln werden das Körpergewicht und die durchschnittlichen Verzehrsmengen eines 4- bis 6jährigen Mädchens mit 13,5 kg Körpergewicht berücksichtigt, weil dessen Nahrungsaufnahme pro kg Körpergewicht größer ist als die von Erwachsenen [14].

ADI-Werte werden für zahlreiche Umweltschadstoffe (Pestizide, Schwermetalle u.a.) von verschiedenen Gremien der FAO/WHO und vom Bundesgesundheitsamt festgelegt.

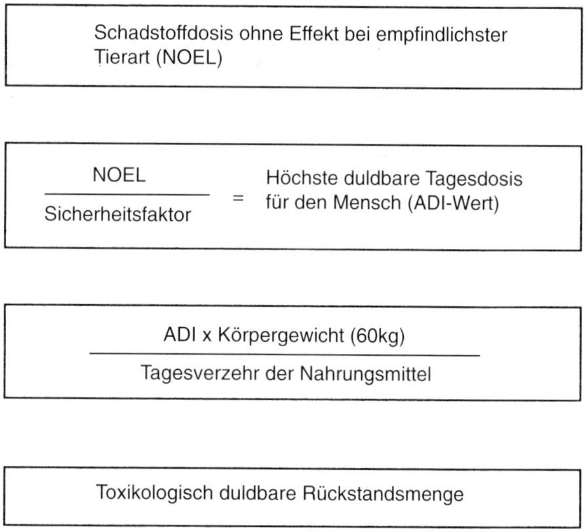

Schadstoffdosis ohne Effekt bei empfindlichster Tierart (NOEL)

$$\frac{NOEL}{Sicherheitsfaktor} = \text{Höchste duldbare Tagesdosis für den Mensch (ADI-Wert)}$$

$$\frac{ADI \times \text{Körpergewicht (60kg)}}{\text{Tagesverzehr der Nahrungsmittel}}$$

Toxikologisch duldbare Rückstandsmenge

Abb. 23: Berechnung von toxikologisch duldbaren Konzentrationen von Umweltchemikalien in Nahrungsmitteln nach dem ADI-Konzept.

4.1.2 Ableitung ökotoxikologischer Werte

Für die Ermittlung der Grenz- oder Richtwerte für Luftschadstoffe zum Schutz der Vegetation gibt es kein vergleichbares Berechnungsschema. Bei der Festsetzung von Kurzzeitgrenz- und Richtwerten wird mit Ergebnissen aus zahlreichen Begasungsexperimenten versucht, den Grenzbereich zwischen wahrscheinlich schädigenden und wahrscheinlich nicht schädigenden Konzentrationen zu ermitteln. Oder aber es wurde der Zusammenhang zwischen Schädigungsgraden, der Konzentration des Schadstoffes und seiner Einwirkungszeit mathematisch auszuwerten versucht. Die Festlegung von Langzeitwerten gestaltet sich ungleich schwieriger, da nur wenige Untersuchungen durchgeführt wurden. Die vorhandenen Werte sind deshalb nur als vorläufig zu betrachten, mit zunehmenden Kenntnissen sind Änderungen zu erwarten. Sicherheitsfaktoren sind bei diesen Berechnungen unüblich, es werden jedoch meist die Ergebnisse der empfindlichsten Pflanzen berücksichtigt.

4.1.3 Technische Machbarkeit

Die technische Machbarkeit wird zum entscheidenden Kriterium, wenn aufgrund der toxikologischen bzw. ökotoxikologischen Auswirkungen zwar ein strenger Grenzwert nötig wäre, die Einhaltung aber zu gravierenden Folgen führt. So wird z.B. ein sehr strenger Grenzwert für Autoabgase, der im Interesse des Waldes ökotoxikologisch notwendig wäre, den aber 90% aller PKWs nicht einhalten können, politisch nicht durchsetzbar sein. Auch der umgekehrte Fall ist möglich: Bei der Berechnung der zulässigen Rückstandsmengen für Pflanzenschutzmittel in Nahrungsmitteln wird zunächst nach toxikologischen Erkenntnissen berechnet und anschließend in Feldversuchen der technisch unvermeidbare Rückstand bei vorschriftsmäßiger Anwendung ermittelt. Nur wenn der letzte Wert unterhalb der toxikologischen Berechnung liegt, kann das Mittel zugelassen werden, und die Konzentration des Wirkstoffs, die technisch unvermeidbar ist, bildet die Höchstmenge.

4.1.4 Erkennen von Belastungsschwerpunkten

Diese Richtwerte sind nach der Analyse des Ist-Zustandes festgelegt worden. Ein Beispiel sind die Richtwerte für Schwermetalle in Lebensmitteln [6]: Eine große Anzahl der auf dem Markt erhältlichen Lebensmittel wird auf ihre Schwermetallgehalte hin untersucht. Die Häufigkeit der ermittelten Werte wird graphisch dargestellt. Der Richtwert wird so gewählt, daß 90 bis 99% aller Proben darunter liegen (Abb. 24). Auf diese Weise werden ungewöhnlich hoch mit Schwermetallen belastete Nahrungsmittel erkannt, und es ist möglich, die Ursachen zu beseitigen. Eine toxikologische Bewertung erfolgt mit diesem Verfahren nicht.

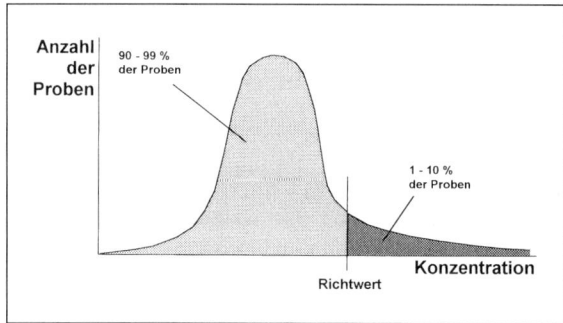

Abb. 24: Ermittlung eines Richtwertes zum Erkennen von Belastungsschwerpunkten.

4.1.5 Vorsorge

Liegen nur spärliche Kenntnisse über das toxikologische und ökotoxikologische Verhalten eines Stoffes vor oder wird der langfristige Schutz eines Naturgutes (Wasser, Boden, Luft) angestrebt, so wird mitunter ein Vorsorgewert als Grenzwert festgeschrieben. Ein Beispiel ist der Grenzwert für Pestizid-Wirkstoffe im Trinkwasser: Nur 0,1 µg dürfen in einem Liter Wasser enthalten sein. Dieser Wert wurde zu einer Zeit in die Diskussion eingebracht, zu der es nicht möglich war, ihn analytisch zu kontrollieren; er entsprach der Nachweisgrenze für die empfindlichsten Wirkstoffe. Er wird als „Quasinullwert" interpretiert, d.h. es sollte erreicht werden, daß Trinkwasser frei von Pestizid-Rückständen ist. Den Wert „0" kann man aus prinzipiellen Überlegungen nicht als Grenzwert festschreiben, da auch die empfindlichste Analytik das Nichtvor-

handensein eines Stoffes nicht beweisen kann. Lediglich die Aussage „nicht nachweisbar" ist möglich, d.h. der wahre Wert liegt irgendwo unterhalb der Nachweisgrenze [10]. Durch große Fortschritte in der Analytik ist es heute möglich, die meisten Pestizidwirkstoffe auch unterhalb des 0,1 µg/l-Grenzwertes noch nachzuweisen, und einige Wirkstoffe wurden auch gefunden. Zu Überschreitungen des Grenzwertes kam es z.B. häufig beim Atrazin, einem Herbizid (Maisanbau), das mittlerweile mit einem Anwendungsverbot belegt ist. Die Gefahr der Grundwasserbeeinträchtigung hat in diesem Fall zu einem Ende der Zulassung und zu einem Anwendungsverbot geführt.

4.1.6 Einhaltung anderer Grenz- und Richtwerte

Das Bundesgesundheitsamt hat Richtwerte für Schwermetallgehalte in Nahrungsmitteln ermittelt (s. Abschnitt 4.1.4), die sich an den durchschnittlichen Gehalten in Nahrungsmitteln orientieren. Im Rahmen der Novellierung der Klärschlammverordnung wurde der Bodenkundler Prof. Kloke gefragt, bei welchen Schwermetallgehalten im Boden die Richtwerte des Bundesgesundheitsamtes in den darauf angebauten Nahrungsmitteln eingehalten werden.

Bei der Literaturdurchsicht ergab sich eine große Bandbreite der gemessenen Werte, aber auch eine deutliche Häufung im unteren Bereich. Die Obergrenzen dieser Bereiche wurden gewählt und als Orientierungsdaten publiziert [20]. Einige dieser Zahlen wurden als Grenzwerte in die Klärschlammverordnung übernommen (bei der Novellierung 1992 zum Teil abgesenkt). Die Unterschreitung der Orientierungsdaten für Böden bedeutet deshalb nur, daß der Boden nicht ungewöhnlich hoch belastet und vor allen Dingen mit einer Unterschreitung der Richtwerte für Nahrungsmittel zu rechnen ist.

4.1.7 Ästhetische und emotionale Gesichtspunkte

In der Trinkwasserverordnung sind Grenzwerte für Geruch und Trübung von Trinkwasser festgeschrieben, ohne daß davon eine toxikologisch begründbare Gefährdung ausgeht. Auch der Grenzwert für Pestizide im Trinkwasser kann insofern als ästhetischer Wert interpretiert werden, als das Vorhandensein von – allerdings geschmacklich nicht wahrnehmbaren Mengen – Pestizid-Rückständen allein durch die Kenntnis des Vorhandenseins Ekel oder Unwohlsein hervorruft [10].

4.1.8 Materialschutz

Die Zerstörung von Material durch Umweltchemikalien kann ebenfalls ein Aspekt sein, der bei der Grenz- oder Richtwertfindung herangezogen werden kann. Im Trinkwasser kann ein niedriger pH-Wert das Rohrleitungsnetz angreifen; andererseits kann zuviel Kalk die Leitungen verstopfen. Saure Luftschadstoffe greifen Natursteine und Beton an; Materialschäden an historischen Bauwerken oder die Zerstörung von Betonbrücken durch Schwefeldioxid sind schon vielfach beobachtet worden.

4.2 Grenzwerte bestehen nicht nur aus Zahlen

Die durch Rechtsvorschriften (Gesetze, Verordnungen, Satzungen, Verwaltungsvorschriften) festgelegten Grenzwerte bestehen aus einem Zahlenwert mit zugehöriger Einheit sowie u. U. einer Fülle von weiteren Festlegungen. Dabei stellen sich z. B. die Fragen:

– Wer muß die Werte überwachen?
– Wann und wie oft muß der Wert überprüft werden?
– Wie muß die Probe genommen und wie muß sie bis zur Analyse gelagert werden?
– Welche Vorbereitung (Aufschluß, Anreicherung) ist notwendig?
– Welches Analyseverfahren ist anzuwenden?
– Wie wird der Wert ausgerechnet?
– Wie häufig darf es Grenzwertüberschreitungen (z. B. durch Meßfehler) geben und

– was passiert bei Grenzwertüberschreitung bzw. -unterschreitung?

Die größte Bedeutung scheint zwar der Grenzwert als solcher, d.h. die Zahl nebst Einheit, zu haben, aber durch Variationen der übrigen Parameter kann eine Verschärfung oder Lockerung des Grenzwertes mindestens im selben Ausmaß erfolgen, wie durch die Herauf- oder Herabsetzung des Zahlenwertes. Dafür nur ein Beispiel: Ein Parameter soll täglich gemessen werden, und dabei sollen 95 % der Meßwerte unter dem Grenzwert liegen, d.h. 5 % der Werte dürfen wegen Analysenfehlern, aber auch weil gelegentliche Belastungsspitzen als duldbar angesehen werden, höhere Werte aufweisen. Wird jetzt der Anteil der zulässigen Grenzwert*unter*schreitungen von 95 % auf 98 % erhöht, bedeutet dies eine gravierende Verschärfung des Grenzwertes, ohne daß die Zahl oder Einheit des Grenzwertes geändert wurden. Solche Änderungen können mitunter unbemerkt von der Öffentlichkeit durchgeführt werden. Zu nennen wären auch Veränderungen in den Ausnahmeregeln, z.B. Verlängerung von Übergangsfristen, die einen Umweltstandard in seiner Wirkung erheblich mindern können.

Grenzwerte müssen justiabel sein, d.h. bei ihrer Überwachung darf es keinen Ermessensspielraum mehr geben. Sind von 100 Messungen 3 Überschreitungen zulässig und die 4. liegt nur um 1 % über dem Grenzwert, so muß die in der Rechtsvorschrift vorgesehene Konsequenz erfolgen.

Behörden können nur solche Umweltstandards zur Grundlage ihres Handelns machen, die in Gesetz, Verordnung oder Satzung festgeschrieben sind oder auf die Bezug genommen wird. Da man die Entscheidungen der Verwaltung durch die Gerichte überprüfen lassen kann und auch Schadensersatzforderungen erhoben werden können, tun diese gut daran, sich juristisch abzusichern.

4.3 Die wichtigsten Grenz- und Richtwerte

In der folgenden Übersicht sind die wichtigsten Grenz- und Richtwerte kurz charakterisiert. Eine Auflistung der Zahlen ist wenig sinnvoll, da zur Interpretation der Werte immer der gesamte Text der jeweiligen Rechtsvorschrift oder Publikation notwendig ist. Eine derartige Textsammlung würde den Rahmen dieser Einführung jedoch sprengen. Die in Anführungszeichen gesetzten Texte sind wörtliche Zitate aus der jeweiligen Rechtsvorschrift oder Veröffentlichung.

4.3.1 Grenzwerte

4.3.1.1 TA-Luft (Technische Anleitung Luft)

Grenzwerte für Emissionen und Immissionen durch Luftschadstoffe

Herausgeber: Bundesregierung

Rechtsvorschriften:
- Erste Allgemeine Verwaltungsvorschrift zum Bundes-Immissionsschutzgesetz vom 28. 8. 1974 in der Neufassung vom 27. 2. 1986 und der Berichtigung vom 4. 4. 1986.
- Technische Anleitung zur Reinhaltung der Luft – TA-Luft (Gemeinsames Ministerialblatt, S. 426 bzw. S. 95 und S. 202, 1986).

Schutzziel: Mensch, Tiere, Pflanzen und andere Sachen sollen vor schädlichen Umwelteinwirkungen, Gefahren, erheblichen Nachteilen und erheblichen Belästigungen geschützt werden.

Begründung: (öko-)toxikologisch, aber auch Stand der Technik (Übergangsregeln).

Interpretation: Emissionsgrenzwerte geben an, wieviel kg Schadstoff je Stunde emittiert werden darf und welche Luftkonzentration dabei zu unterschreiten ist. Sie sind vom Emittenten zu überwachen und sollen vor Schäden im Bereich der Emission schützen. Die Immissionsgrenzwerte sind als Langzeitwerte (IW 1 = Jahresmittelwert) und/oder als Kurzzeitwerte (IW 2 = 98 % der Proben müssen darunter liegen) angegeben.

Nicht anwendbar: Innenraum

4.3.1.2 Trinkwasserverordnung

Grenzwerte und Richtwerte für schädliche Stoffe im Trinkwasser

Herausgeber: Bundesregierung

Rechtsvorschrift: Verordnung über Trinkwasser und über Wasser für Lebensmittelbetriebe (Trinkwasserverordnung – TrinkwV – in der Neufassung vom 5. 12. 1990, BGBl. I, S. 2613, 1990)

Schutzziel: Gesundheit der Menschen, Schutz der Trinkwasservorräte, Materialschutz (Wasserinstallationen)

Begründung: Die verschiedenen Schadstoffe sind unterschiedlich begründet: es werden toxikologische (z. B. Nitrat, Schwermetalle), ästhetische (z. B. Geruch, Farbe), dem Materialschutz dienende (z. B. pH) und vorsorgliche (z. B. Pestizide) Aspekte berücksichtigt.

Interpretation: Sind die Grenzwerte überschritten, so darf das Wasser nicht mehr an den Verbraucher abgegeben werden. Es ist zulässig, durch Verschneiden mit sauberem Wasser die Grenzwerte zu unterschreiten. Für zahlreiche Substanzen ist es möglich, durch Landesregierung oder Behörden z. T. zeitlich begrenzte Ausnahmeregelungen zu erlassen (z. B. für Pflanzenschutzmittel).

Nicht anwendbar: Beurteilung von Oberflächengewässern (Bei Erreichen der Grenzwerte der TVO wäre das Ökosystem in Oberflächengewässern schon sehr stark geschädigt!).

4.3.1.3 Höchstmengen von Pflanzenschutzmitteln

Grenzwerte für Rückstände von Pflanzenschutzmitteln in Lebensmitteln

Herausgeber: Bundesregierung

Rechtsvorschrift: Verordnung über Höchstmengen an Pflanzenschutz- und Schädlingsbekämpfungsmitteln, Düngemitteln und sonstigen Mitteln in oder auf Lebensmitteln und Tabakerzeugnissen (Rückstands-Höchstmengenverordnung – RHmV) in der Fassung vom 16. 10. 1989, zuletzt geändert am 1. 9. 1992; BGBl. I S. 1605).

Schutzziel: Gesundheit der Bevölkerung, nicht der Einzelperson.

Begründung: toxikologische und technische Machbarkeit (Nur wenn die technisch erreichbare Rückstandsmenge kleiner ist als die toxikologisch begründete, wird ein Mittel zugelassen. Als Grenzwert gilt dann der kleinere Wert!).

Interpretation: Bei Überschreitung sind die Nahrungsmittel nicht verkehrsfähig, d. h. sie dürfen nicht gehandelt werden. Wenn durch geeignete Behandlung eine Verringerung der Rückstände unter die Höchstmenge erfolgt, ist ein anschließender Verkauf zulässig. Eine Gefährdung der Bevölkerung ist bei einer Überschreitung noch nicht gegeben, da die technisch unvermeidbare Rückstandsmenge i. d. R. unter der toxikologisch begründeten liegt. Die Höchstmengen werden für eine statistische Durchschnittsperson mit durchschnittlichen Eßgewohnheiten festgelegt. Bei extrem einseitiger Ernährung ist eine Schädigung nicht auszuschließen.

4.3.1.4 Schadstoff-Höchstmengenverordnung

Grenzwerte für PCB und Quecksilber

Herausgeber: Bundesregierung

Rechtsvorschrift: Verordnung über Höchstmengen an Schadstoffen in Lebensmitteln (Schadstoff-Höchstmengenverordnung – SHmV vom 23. 3. 1988, BGBl I S. 422, 1988).

Schutzziel: Gesundheit

Begründung: ähnlich wie Richtwerte des BGA für Schwermetalle

Interpretation: Bei Überschreiten der Grenzwerte dürfen die Lebensmittel nicht mehr gewerbsmäßig in Verkehr gebracht werden.

4.3.1.5 MAK – Maximale Arbeitsplatzkonzentrationen

Grenzwert für Stoffe in der Luft am Arbeitsplatz

Herausgeber: DFG, Senatskommission zur Prüfung gesundheitsschädlicher Arbeitsstoffe.

Rechtsvorschrift: jährliche Veröffentlichung im Bundesarbeitsblatt als TRGS 900 (Technische Regeln für Gefahrstoffe) durch den Bundesminister für Arbeit und Sozialordnung. Zur Rechtsvorschrift werden die MAK-Werte, da die Gefahrstoffverordnung die Einhaltung der jeweils aktuellen Werte verbindlich vorschreibt.

Schutzziel: Gesundheit am Arbeitsplatz

Begründung: Sie werden aufgrund toxikologischer/arbeitsmedizinischer Erkenntnisse aufgestellt (nicht aufgrund technischer Notwendigkeit). MAK-Werte werden ohne Sicherheitsfaktoren festgelegt – sie stellen in der Regel den NOEL (vergleiche Abschnitt 2.5.4) dar.

Interpretation: „Der MAK-Wert ist die höchstzulässige Konzentration eines Arbeitsstoffes als Gas, Dampf oder Schwebstoff in der Luft am Arbeitsplatz, die nach dem gegenwärtigen Stand der Kenntnis auch bei wiederholter und langfristiger, in der Regel täglich 8stündiger Exposition, jedoch bei Einhaltung einer durchschnittlichen Wochenarbeitszeit von 40 Stunden im allgemeinen die Gesundheit der Beschäftigten nicht beeinträchtigt und diese nicht unangemessen belästigt." MAK-Werte sind Durchschnittswerte je Tag oder Schicht, wobei es allerdings stoffspezifische Spitzenbegrenzungen gibt. Eine Überschreitung der MAK-Werte hat nicht zwangsläufig eine Erkrankung (Berufskrankheit) zur Folge. Umgekehrt sind Erkrankungen auch bei Einhaltung der Werte möglich. Bei Einhaltung der MAK-Werte kann es zu Wirkungen kommen, die allerdings reversibel sind und normalerweise nicht chronisch wirken (kurzfristige Beeinträchtigungen, die über Nacht und über das Wochende wieder abklingen).

Nicht anwendbar: Die MAK-Werte sind nicht als Immissionsgrenzwerte oder zur Beurteilung der Wohnraumbelastung geeignet. Auch von der Einführung von „Umrechnungsfaktoren" wurde abgesehen.

4.3.1.6 TRK – Technische Richtkonzentrationen

Grenzwert für krebserzeugende Stoffe in der Luft am Arbeitsplatz

Herausgeber: DFG, Senatskommission zur Prüfung gesundheitsschädlicher Arbeitsstoffe.

Rechtsvorschrift: jährliche Veröffentlichung im Bundesarbeitsblatt als TRGS 900

Schutzziel: Gesundheit am Arbeitsplatz

Begründung: technisch unvermeidbare Konzentrationen sowie toxikologische Gesichtspunkte

Interpretation: Da es für krebserzeugende Stoffe keine Schwellendosis gibt, unterhalb der kein Krebs mehr auftreten kann, werden für diese Stoffe keine MAK-Werte aufgestellt, sondern TRK-Werte. Dies sind Konzentrationen, die nach dem Stand der Technik erreicht werden können. TRK-Werte vermindern das Arbeitsplatzrisiko, schließen es jedoch nicht aus.

Nicht anwendbar: für alle anderen Bereiche

4.3.1.7 BAT – Biologische Arbeitsstoff-Toleranzwerte

Grenzwert für Quantität eines Arbeitsstoffes oder Metaboliten oder für die Abweichung eines biologischen Indikators von der Norm, gemessen in Blut, Harn oder Ausatemluft des Arbeitnehmers.

Herausgeber: DFG, Senatkommission zur Prüfung gesundheitsschädlicher Arbeitsstoffe.

Rechtsvorschrift: jährliche Veröffentlichung im Bundesarbeitsblatt als TRGS 900

Schutzziel: Gesundheit am Arbeitsplatz

Begründung: toxikologisch

Interpretation: „Der BAT-Wert ... ist die beim Menschen höchstzulässige Quantität eines Arbeitsstoffes bzw. Arbeitsstoffmetaboliten oder die dadurch ausgelöste Abweichung eines biologischen Indikators von seiner Norm, die nach dem gegenwärtigen Stand der wissenschaftlichen Kenntnis im allgemeinen die Gesundheit der Beschäftigten auch dann nicht beeinträchtigt, wenn sie durch Einflüsse des Arbeitsplatzes regelhaft erzielt wird ... BAT-Werte sind als Höchstwerte für gesunde Einzelpersonen konzipiert".

Nicht anwendbar: „Der BAT-Wert ist nicht geeignet, biologische Grenzwerte für langandauernde Belastungen aus der allgemeinen Umwelt, etwa durch Verunreinigungen der freien Atmosphäre oder von Nahrungsmitteln, anhand konstanter Umrechnungsfaktoren abzuleiten."

4.3.1.8 Klärschlammverordnung

Grenzwerte für Schwermetalle, PCBs und Dioxine in Klärschlamm und Boden

Herausgeber: Bundesregierung

Rechtsvorschrift: Klärschlammverordnung (AbfKlärV) vom 15. 4. 1992, BGBl. I, 912, 1992)

Schutzziel: Boden soll nicht überdurchschnittlich hoch belastet werden, „Wohl der Allgemeinheit"

Begründung: Die Grenzwerte für den Boden orientieren sich an den Daten von Kloke [20] (1992 z. T. abgesenkt)

Interpretation: Bei Erreichen der Bodengrenzwerte darf kein Klärschlamm mehr aufgebracht werden. Bei Erreichen der Klärschlammgrenzwerte darf der betreffende Klärschlamm nicht mehr auf landwirtschaftlich oder gärtnerisch genutzte Flächen aufgebracht werden. Bei Unterschreitung der Bodengrenzwerte ist davon auszugehen, daß die Richtwerte für Schwermetalle in Nahrungsmitteln im Durchschnitt nicht erreicht werden. Erfolgt die Ernährung verstärkt von einer einzelnen Fläche, die den Schwermetallgrenzwert erreicht (z. B. Kleingärten), so kann es zu einer Überschreitung der ADI- Werte kommen.

Nicht anwendbar: als Grenzwert für alle Bodennutzungsarten

4.3.2 Richtwerte

4.3.2.1 MIK – Maximale Immissionskonzentrationen

Richtwert für Schadstoffkonzentrationen in der freien Atmosphäre

Herausgeber: VDI (Verein deutscher Ingenieure)

Quelle: VDI Richtlinien 2306 und 2310, z. T. in Vorschriften der TA-Luft übernommen

Schutzziel: keine Schädigung von Mensch und Umwelt (Vegetation)

Begründung: toxikologisch und ökotoxikologisch

Interpretation: Bei Einhaltung der MIK ist der Schutz des Menschen bzw. seiner Umwelt nach derzeitigem Wissensstand und nach Maßgabe der dazugehörigen Kriterien gewährleistet. Es werden Lang- und Kurzzeitwerte angegeben. Da die Zahlen teilweise in den 60er Jahren aufgestellt und seit 1966 nicht überarbeitet wurden, entsprechen die Werte häufig nicht mehr dem gegenwärtigen Stand des Wissens.

Nicht anwendbar: Es muß genau unterschieden werden, für welches Schutzziel die Werte angegeben werden.

4.3.2.2 Air Quality Guidelines der WHO

Richtwerte für Luftschadstoffe

Herausgeber: WHO

Quelle: Air Quality Guidelines for Europe, WHO Regional Publications, European Series No.23, Copenhagen (1987).

Schutzziel: Vegetation

Begründung: ökotoxikologisch

Interpretation: Diese Werte geben den aktuellen Stand des wissenschaftlichen Erkenntnisstandes wieder und sollen als wissenschaftliche Basis für administrative Maßnahmen gelten.

4.3.2.3 Critical Levels der UNECE

Richtwerte für Luftschadstoffe

Herausgeber: UNECE, United Nations Economic Commission for Europe

Quelle: UNECE Critical Levels Workshop. Final Draft Report, Bad Harzburg, 1988

Schutzziel: Pflanzen, Tiere, Ökosysteme, Materialien

Begründung: ökotoxikologisch

Interpretation: Critical levels sind „die Konzentration eines Schadstoffes in der Atmosphäre, bei deren Überschreitung nachteilige (negative) Effekte an bestimmten Wirkobjekten oder Rezeptoren (Pflanzen, Tiere, Ökosysteme, Materialien) auftreten können, definiert nach dem jeweiligen wissenschaftlichen Erkenntnisstand".

4.3.2.4 MRK – Maximale Raumluftkonzentrationen

Richtwert für Luftschadstoffe in Innenräumen

Herausgeber: Bundesgesundheitsamt

Schutzziel: Gesundheit des Menschen

Begründung: toxikologisch

Interpretation: Diese Werte werden aus dem NOEL und dem ADI ermittelt. Sie sind methodisch sehr schwierig zu bestimmen und deshalb mit großen Unsicherheiten behaftet. Bei Unterschreiten der Werte in Wohnräumen soll es zu keinen chronischen Vergiftungen kommen.

Nicht anwendbar: Außenluft

4.3.2.5 ADI-Werte

Richtwert für unschädliche Aufnahmemengen von Pestizidwirkstoffen

Herausgeber: FAO/WHO

Schutzziel: Gesundheit des Menschen

Begründung: toxikologisch

Interpretation: Diese Menge des Schadstoffs kann jeden Tag des gesamten Lebens aufgenommen werden, ohne daß es zu Schäden kommt. Diese Werte werden i.d.R. als „vorläufig" bezeichnet, da zuwenig Kenntnisse über das Langzeitverhalten der Substanzen vorliegen.

4.3.2.6 Richtwerte für Schadstoffe in Lebensmitteln

Richtwerte für Blei, Cadmium, Quecksilber, Thallium und Nitrat in Lebensmitteln

Herausgeber: Bundesgesundheitsamt

Rechtsvorschrift: Richtwerte für Schadstoffe in Lebensmitteln, Bundesgesundheitsblatt 5/1992 (in der Mai-Ausgabe jeden Jahres wird die aktualisierte Liste publiziert).

Schutzziel: Die Werte sollen aufzeigen, wann unerwünscht hohe Schadstoffkonzentrationen in Lebensmitteln vorliegen.

Begründung: Erkennen von Belastungsschwerpunkten: Berücksichtigung der aktuellen Belastungssituation, durchschnittlichen Verzehrmengen und vorläufigen duldbaren wöchentlichen Aufnahmemengen nach der WHO.

Interpretation: „Beim Überschreiten der Richtwerte sind konsequenterweise alle für die Lebensmittelqualität Verantwortlichen, sowohl von der Erzeuger- als auch von der Überwachungsseite, angehalten, nach den Kontaminationsursachen zu recherchieren und nach Ortung der Kontaminationsquellen diese zu beseitigen. Von Fall zu Fall sollte kritisch geprüft werden, ob weitere Maßnahmen, wie z.B. Verkehrsbeschränkungen, auszusprechen sind."

Nicht anwendbar: zur Beurteilung einer Gesundheitsgefährdung

4.3.2.7 Orientierungsdaten für Schwermetalle im Boden

Richtwerte für Schwermetalle im Ackerboden

Herausgeber: Prof. Dr. Adolf Kloke

Quelle: Orientierungsdaten für tolerierbare Gesamtgehalte einiger Elemente in Kulturböden. Mitteilungen der VDLUFA, Heft 1–3, 9–11 (1980).

Schutzziel: Begrenzung der Anzahl der Flächen mit überdurchschnittlich hohen Schwermetallgehalten.

Begründung: Einhaltung der Richtwerte des BGA für Schwermetalle in Nahrungsmitteln (s. Abschnitt 4.1.5)

Interpretation: Die Orientierungsdaten sollen den weiteren Eintrag von Schwermetallen in die Böden begrenzen. Sie sind nicht als Grenzwerte aufzufassen, bei deren Überschreitung eine landwirtschaftliche Nutzung untersagt werden soll. Die Festsetzung der Werte basiert auf folgenden Grundüberlegungen:

— Schwermetalle sind in allen Böden vorhanden.
— Pflanzen wachsen seit Jahrtausenden auf diesen Böden und haben sich angepaßt.
— Mensch und Tier haben sich von diesen Pflanzen ernährt und dadurch auch angepaßt.

Nicht anwendbar: Zur Bewertung von Kleingärten

4.4 Kritik am Grenz- oder Richtwertkonzept

Die ganzen Verfahren und auch die grundsätzlichen Konzepte bei der Festlegung der Grenz- und Richtwerte werden kontrovers diskutiert ([22], [30]). Einige der Kritikpunkte sollen hier kurz skizziert werden.

Begriffe und Erkenntnisse der Toxikologie passen nicht zusammen. Das Wort „Grenzwert" allein suggeriert eine scharfe Grenze, an der Schaden und Nichtschaden trennbar sind, aber es existieren nur langsame Übergänge. „Sicherheitsfaktoren" werden immer dann eingeführt, wenn der Bereich der sicheren Kenntnisse verlassen wird, wenn keine genauen Aussagen mehr gemacht werden können. Sie müßten eigentlich „Unsicherheitsfaktoren" heißen.

Zwar ist es in der Wissenschaft unumgänglich, daß sie ihre Ergebnisse so weit wie möglich quantifiziert, aber oft sind die Erkenntnisse noch nicht präzise genug, um in Zahlen ausgedrückt zu werden. Mit statistischen Methoden wird versucht, mangelnde Kenntnisse als Wahrheit darzustellen. Vergessen wird oft, die erkenntnisleitenden Grundannahmen und die Grenzen der wissenschaftlichen Ergebnisse deutlich zu machen.

Unsere Wahrnehmung ist stark begrenzt: Nur das, was analysiert oder untersucht wird, ist auch überschaubar. Dioxine waren noch vor 20 Jahren fast unbekannt – heute können sie wirklich überall nachgewiesen werden. Zur Zeit werden in der Landwirtschaft Insektizide aus der Gruppe der Pyrethroide eingesetzt. Es sind synthetische Stoffe, die einem Naturstoff „nachgebaut" wurden. Einige dieser Substanzen sind sehr persistent; ihnen wird eine ähnliche Wirkung auf den Menschen nachgesagt wie dem PCP (Holzschutzmittel). Diese Pflanzenschutzmittel werden in so geringer Menge auf den Acker ausgebracht (5 bis 30 g/ha), daß zur Zeit jede Methode zur Rückstandsanalytik versagt. Was aber wird in 10 Jahren sein?

Die Methoden der Grenz- oder Richtwertfindung sind mit vielen Unsicherheiten behaftet: Ergebnisse von Tierversuchen werden auf den Menschen übertragen. Die Versuche sind aber im Vergleich zur Lebensdauer des Menschen sehr kurz, und Resultate aus der überschaubaren Welt der Laboratorien sollen auch in der unüberschaubaren Realität Gültigkeit besitzen. Oft kritisiert wird die Vernachlässigung der Kombinationswirkungen mit anderen Stoffen, die starren Regeln der statistischen Interpretation und die Interpolation vom Bereich hoher Dosis mit deutlicher Wirkung auf den Bereich niedriger Dosis.

Die Wissenschaftler, die an der Festlegung der Grenzwerte mitwirken, verlassen den Bereich der reinen Lehre und des Strebens nach wissenschaftlicher Erkenntnis. Sie beteiligen sich als Gesetzgeber an der Legalisierung der gängigen Praxis und tragen zur Vermeidung von Haftungsansprüchen gegenüber den Umweltverschmutzern bei, da durch Grenzwerte auch ein Recht auf Umweltverschmutzung (natürlich im Rahmen der Grenzwerte) besteht.

Mit der Ermittlung und Kontrolle der Grenzwerte wird eine große Anzahl von Wissenschaftlern beschäftigt, die besser die Forschung zur Vermeidung der Schadstoffproduktion vorantreiben sollten.

Ein Grenzwert ist nur etwas wert, wenn er auch kontrolliert wird. Da aber das Kontrollnetz noch immer mangelhaft ist, muß die Grenzwertpolitik versagen.

„Grenzwerte sind zugleich notwendig und unmöglich: Sie sind notwendig, weil sie der unbegrenzten Verschmutzung Grenzen setzen. Sie sind damit ein wichtiges Instrument bei der Durchsetzung ökologischer Forderungen. Dabei muß man sich jedoch darüber im klaren sein, daß Grenzwerte nicht das Resultat wissenschaftlicher Untersuchungen sind, sondern überwiegend von politischen Kompromissen zwischen den Interessen der chemischen Industrie und des Staates. Die Öffentlichkeit war bisher weitgehend ausgeschlossen, wichtige Daten waren und sind ihr nicht zugänglich.

Zugleich sind Grenzwerte unmöglich, denn sie betreffen nur solche Substanzen, die man kennt, und nur solche Gefährdungen, die man vorausgesehen und untersucht hat. Man kann nicht wissen, was Fremdstoffe im ökologischen Gesamtsystem anrichten werden, aber wir haben gelernt, daß Politiker die „Restrisiken" unterschätzen. Wir müssen zu einer Politik kommen, wo jeder, der einen Stoff produziert, beweisen muß, daß dieser Stoff unschädlich ist. Wenn dieser Nachweis nicht erbracht ist, muß die Freisetzung dieses Stoffes weitestgehend minimiert werden. Unter „weitestgehend" ist die Grenze der meßtechnischen Nachweisbarkeit bzw. der neueste Stand der Technik für Emissionsminderungen zu verstehen. Reicht dies nicht aus, sind Änderungen in der Produktion und der Produktpalette erforderlich" [30].

5 Literatur

[1] Ahlers, J.: Einstufung von Stoffen als „umweltgefährlich", Umweltchem. Ökotox. 3(6), 350 (1991).

[2] Arndt, U., W. Nobel u. B. Schweizer: Bioindikatoren – Möglichkeiten, Grenzen und neue Erkenntnisse, Ulmer-Verlag, Stuttgart (1987).

[3] Beck, H., K. Eckart, W. Mathar u. R. Wittkowski: Die Belastung des Verbrauchers durch Dioxine in Lebensmitteln und Umwelt in: Gesundheit und Umwelt '87, bga-Schriften 4/1987 (1988).

[4] Braun, W. u. A. Dönhardt: Vergiftungsregister, Thieme-Verlag, 3. Aufl. (1982).

[5] Caspers, N. and G. Schüürmann: Bioconcentration of xenobiotics from the chemical industry's point of view, in: R. Nagel and R. Loskill: Bioaccumulation in aquatic systems, pp. 81–98, Verlag Chemie, Weinheim (1991).

[6] Classen, H.-G.: Toxikologisch-hygienische Beurteilung von Lebensmittelinhalts- und -zusatzstoffen sowie bedenklicher Verunreinigungen, Verlag Paul Parey, Berlin, Hamburg (1987).

[7] Dannecker, W., H.-W. Müller u. F. Wolf: Messung gasförmiger Luftverunreinigungen an Bauwerken, Staub/ Umwelt, Heft 9 (1987).

[8] Daunderer, M.: Kompendium der Klinischen Toxikologie, Band 13: Umweltgifte, ecomed-Verlag, Landsberg (1990).

[9] Deutsche Forschungsgemeinschaft (Herausg.: Analytik für Mensch und Umwelt, Verlag Chemie, Weinheim (1990).

[10] Dieter, H.H.: Grenzwerte für Pflanzenschutz- und Schädlingsbekämpfungsmittel im Trinkwasser: Toxikologische contra hygienisch-ästhetische Qualitätskriterien?, Bundesgesundheitsbl. 31, Nr. 1 (1988).

[11] Ellenberg, H.: Zeigerwerte der Gefäßpflanzen Mitteleuropas, Scripta Geobotanica 9, 2. Aufl., Goltze Verlag, Göttingen (1979).

[12] Europäische Akademie für Umweltfragen (Herausg.): Die Erde als Lebensraum, 2. Aufl., Tübingen (1992).

[13] Grießhammer, R.: Gute Argumente: Chemie und Umwelt, Beck Verlag, München (1993).

[14] Hans, R. u. H. Hübner, H.: Festsetzung von Höchstmengen für Pflanzenschutzmittelrückstände in/auf Lebensmitteln, Bundesgesundheitsbl. 5/92 (1992).

[15] Hock, B. u. E. Elstner (Hrsg.): Pflanzentoxikologie – Der Einfluß von Schadstoffen und Schadwirkungen auf Pflanzen, Bibliographisches Institut, Mannheim (1984).

[16] Hutzinger, O.: Was ist ein Schadstoff ? Umweltchem. Ökotox. 3(5), 259 (1991).

[17] Kanne, R.: Aquatische Ökotoxikologie, Umweltchem. Ökotox. 3(1), 16–18 (1991).

[18] Kettrup, A., C. Steinberg u. D. Freitag: Ökotoxikologie – Wirkungserfassung und Bewertung von Schadstoffen in der Umwelt, Umweltchem. Ökotox. 3(6), 370–377 (1991).

[19] Klöpffer, W. u. I. Renner: Ökobilanzen – Eine Chance für die Neuorientierung der Industriepolitik, Umweltchem. Ökotox. 4(5), 271–273 (1992).

[20] Kloke, A.: Zur Problematik und Begründung von Schwellenwerten für Schwermetalle in Böden in: Beurteilung von Schwermetall-Kontaminationen im Boden, DECHEMA, Frankfurt (1989).

[21] Korte, F. (Hrsg.): Lehrbuch der ökologischen Chemie – Grundlagen und Konzepte für die ökologische Beurteilung von Chemikalien, Thieme-Verlag, Stuttgart, 2. Aufl. (1987).

[22] Kortenkamp, A., B. Grahl u. L.H. Grimme, L.H. (Herausg.): Die Grenzenlosigkeit der Grenzwerte – Zur Problematik eines politischen Instruments im Umweltschutz, Verlag C.F. Müller, Karlsruhe (1988).

[23] Marr, I.L., M.S. Cresser u. L.J. Ottendorfer: Umweltanalytik – Eine allgemeine Einführung, Georg Thieme Verlag, Stuttgart, New York (1988).

[24] Parlar, H. u. D. Angerhöfer: Chemische Ökotoxikologie, Springer-Verlag, Berlin, Heidelberg (1991).

[25] Peter, H.; Franke, C.: Ökotoxikologische Prüfungen nach dem Chemikaliengesetz (ChemG), Umweltchem. Ökotox. 4(6) 333–338 (1992).

[26] Raab, W.: Allergiefibel – Empfindlichkeit und Überempfindlichkeit, Gustav Fischer Verlag, Stuttgart, New York (1987).

[27] Rippen, G.: Handbuch der Umweltchemikalien (Loseblattsammlung), ecomed-Verlag, Landsberg (1987 und Aktualisierungen).

[28] Rotard, W.: Risikobewertung von Dioxinen in der Umwelt, bga-Schriften 4/1987, MMV-Verlag, München (1988).

[29] Schmidt, G.H.: Pestizide und Umweltschutz, Verlag Vieweg, Braunschweig, Wiesbaden (1986).

[30] Sievers, S.: Grenzwerte in der Kritik, Öko-Mitteilungen 4/88 (1988).

[31] Steubing, L.: Wirkungserhebungen über die Verbreitung von Photooxidantien in der Region Untermain mit dem Bioindikator Bel W 3, Angew. Bot. 56, 1–8 (1982).

[32] Steubing, L. and A. Fangmeier: Gaseous air pollutants and forest floor vegetation – a case study at different levels of integration in: G. Esser and D. Overdieck (Eds.): Modern Ecology – Basic and Applied Aspects, Elsevier, Amsterdam, London, New York, Tokyo (1991).

[33] Streit, B.: Lexikon Ökotoxikologie, Verlag Chemie, Weinheim, 2. Aufl. (1994).

[34] Strubelt, O.: Gifte in unserer Umwelt – Toxische Verfahren von Arsen bis Zyankali, Deutsche Verlags-Anstalt GmbH, Stuttgart (1989).

[35] Umweltbundesamt (Herausg.): Jahresbericht (1990).

[36] Vogl, J., A. Heigl u. K. Schäfer: Handbuch des Umweltschutzes (Loseblattsammlung), ecomed-Verlag, Landsberg (1977 und Aktualisierungen).

[37] Wassermann, O., C. Alsen-Hinrichs u. U. E. Simonis: Die schleichende Vergiftung – Die Grenzen der Belastbarkeit sind erreicht. Fischer alternativ, Fischer Taschenbuch-Verlag, Frankfurt am Main (1990).

6 Abkürzungen und Glossar

Verwendete Abkürzungen

a) In der (Öko)Toxikologie gebräuchliche Abkürzungen

	englisch	deutsch
A	adverse	widrig, schädlich
C	concentration	Konzentration
D	dose	Dosis, Substanzmenge
E	effect	Effekt, Auswirkung
	effectiv	effektiv(e), wirkend(e)
KG		Körpergewicht
L	lethal	letal, tödlich
N	no	nicht, kein
O	observed	beobachtet
T	toxic	toxisch, giftig

Weitere Abkürzungen

AAS	**A**tom**a**bsorptions-**S**pektrometrie: Analyseverfahren zum Nachweis von Elementen.
ADI	**A**cceptable **d**aily **i**ntake: Duldbare tägliche Aufnahme (tägliche Höchstdosis eines Stoffes, die bei lebenslanger Aufnahme ohne nachteiligen Einfluß auf den Menschen bleibt).
BSB:	**B**iochemischer **S**auerstoff**b**edarf.
CAS-Nummer	**C**hemical **A**bstract **S**ystem-Nummern: Von der American Chemical Society vergebene Nummern zur Kennzeichnung einer Substanz.
CSB:	**C**hemischer **S**auerstoff**b**edarf.
DFG	**D**eutsche **F**orschungs**g**emeinschaft

DOC :	Dissolved organic carbon: Gehalt an gelöstem organischen Kohlenstoff in einer Probe. Die Analyse erfolgt nach Membranfiltration.
EC	(engl. effective concentration).
	Effektive Konzentration.
EG	Europäische Gemeinschaft.
EG-Nummer	Von der EG für gefährliche Stoffe vergebene Zahl.
EU	Europäische Union.
FAO	Food and Agriculture Organisation of the United Nations: Welternährungsorganisation.
HPLC :	engl.: high pressure liquid chromatography, Hochdruckflüssigkeitschromatographie.
LD_{50}	(engl. lethal dose): Stoffmenge bei der 50 % der Versuchstiere sterben.
MS	Massen-Spektrometer.
NAEL :	No adverse effect level): Substanzmenge, bei der kein widriger Effekt eintritt.
NEL :	No effect level: Dosis eines Schadstoffs, die im Tierversuch bei lebenslanger Aufnahme keine erkennbaren Schadwirkungen verursacht.
NIOSH-Nummer	Vom National Institute for Occupational Safety and Health vergebene Nummer zur eindeutigen Bezeichnung einer chemischen Substanz.
OECD	Organisation of Economic Cooperation and Development.
PCB	Polychlorierte Biphenyle: Substanzklasse mit mehr als 200 verschiedenen Verbindungen.
RTECS-Nummer :	Codierung des Registry of Toxic Effects of Chemical Substances zur eindeutigen Bezeichnung einer chemischen Substanz.
UBA	Umweltbundesamt.
WHO	World Health Organisation, Weltgesundheitsorganisation.

Glossar

A

Akkumulation   lat.: accumulare = anhäufen; Anreicherung bestimmter (meist toxischer) Substanzen in der Nahrungskette.

B

Bioindikator   gr.: bios = Leben; lat.: indicare = anzeigen; Lebewesen, das durch sein Verhalten Rückschlüsse auf den Zustand seiner Umwelt zuläßt.

Biomonitoring   gr.: bios = Leben; lat.: monitare = zeigen; flächendeckende Überwachung eines Gebietes mit Bioindikatoren, um das Auftreten oder Vorhandensein von Umweltchemikalien oder schädlichen Einflüssen zu erkennen.

Bonitierung   lat.: bonitas = Güte; Klassifizierung von Schäden durch Umweltchemikalien aufgrund einer Schätzung der geschädigten/verfärbten Blattfläche.

C

Chlorosen   gr.: chloros = grün; Chlorophyllschäden an Pflanzenblättern, durch Verfärbungen sichtbar.

D

Dosis   gr. dosis = Gabe; Menge einer Substanz, die in (öko)-toxikologischen Untersuchungen verabreicht wurde.

E

Emission   lat.: emittere = aussenden; Abgabe von Luftschadstoffen oder Geräuschen.

Epidemiologie   gr.: epi = auf, demos = Volk, logos = Wort, Lehre; Lehre von den Ursachen, der Verbreitung und dem Verlauf örtlich und zeitlich gehäuft auftretender Krankheiten.

Exposition   lat.: exponere = aussetzen; Aussetzen von Ökosystemen oder Teilen von Ökosystemen gegenüber Schadstoffen (oder anderen Beeinträchtigungen).

F

Fertilität   lat.: fertilis = furchtbar; Fruchtbarkeit.

H

Herbizide   lat.: herba = Kraut, caedere = schneiden, töten; chemische Mittel zur Bekämpfung von Unkräutern.

Hydrolyse   gr.: hydor = Wasser; lysis = Auflösung; Spaltung chemischer Verbindungen (auch Mineralien) mit Wasser.

I

Immission   lat.: immissio = das Hineinlassen; Luftverschmutzung durch gasförmige, flüssige oder feste Stoffe über dem Erdboden, der Vegetation oder Bauwerken.

Insektizid   lat.: insectus = eingeschnitten, caedere = schneiden, töten; chemisches Mittel zur Insektenbekämpfung.

Intercostalchlorose: lat.: inter = zwischen, costa = Rippe; gr.: chloros = grün: mangelnde Ausbildung von Chlorophyll in den zwischen den Blattrippen liegenden Bereichen.

Interpolation   lat.: interpolare = umgestalten; mathematisches Verfahren, um von vorhandenen Daten nachträglich Zwischenwerte zu bestimmen oder um Tendenzen, die über den Meßbereich hinausgehen, zu beschreiben.

Isomere   gr.: isos = gleich; meros = Teil; chemische Verbindungen mit gleichen Anzahlen von Atomen (= gleiche Summenformel) aber mit unterschiedlichem Molekülaufbau oder unterschiedlicher räumlicher Stellung der Atome.

Isotop   gr.: isos — gleich, topos = Ort; Formen eines Elements, welche die gleiche Anzahl von Protonen, aber eine unterschiedliche Anzahl von Neutronen enthalten.

K

kanzerogen   lat.: cancer = Krebs; gr.: genesthai = entstehen; krebserregend.

Katalysator   gr.: katalysis = Auflösung; Stoff, der in eine chemische Reaktion eingreift, ohne in die Reaktionsprodukte einzugehen.

Kompartiment   franz.: compartiment = abgeteilter Raum; funktioneller Raum einer Zelle.

Kontamination   lat.: contaminatio = Befleckung: Verunreinigung der Umwelt, der Nahrung und/oder des Wassers.

kumulative Effekte   lat.: cumulus = Haufe; sich addierende Effekte, meist in dem Sinne gebraucht, daß die betreffenden Effekte nicht einzeln erfaßbar sind und erst im Zusammenwirken mehrerer Einzeleffekte eine Wirkung beobachtbar ist.

L

letal   lat.: letalis = tödlich.

M

Metabolismus   gr.: metabole = Veränderung; Stoffwechsel. Metabolite sind die durch den natürlichen Stoffwechsel entstehenden Umwandlungsprodukte.

Mineralisierung   lat.: minerale = mit dem Bergwerk verwandt; endgültiger Abbau einer organischen Substanz zu CO_2, Wasser und den Salzen der übrigen Elemente (Cl, N, S, etc.).

Monitor   lat.: monere = mahnen; Gerät zur fortlaufenden Messung oder Registrierung von Umweltchemikalien oder schädlichen Einflüssen auf Mensch und Umwelt.

mutagen   lat.: mutare = verändern; gr.: genesthai = entstehen; erbgutverändernd.

N

Nekrosen   gr.: nekros = tot; örtliches Absterben von Geweben.

O

Oxidation   gr.: oxys = sauer; im ursprünglichen Sinn die Vereinigung eines Moleküls mit Sauerstoff, meist unter Energiefreisetzung.

P

Persistenz   lat.: persistere = stehen bleiben; Langlebigkeit einer Substanz, bedingt durch langsamen Abbau in der Umwelt oder im Organismus.

Pestizide   lat.: pestis = Pest, caedere = töten; Pflanzenschutzmittel, die dazu bestimmt sind, Pflanzen vor Schadorganismen oder Krankheiten oder Pflanzenerzeugnisse vor Schadorganismen zu schützen. Dazu zählen:
                        Acarizide: gr.: acari = Milbe, caedere = töten; Mittel zur Bekämpfung von Milben;
                        Bakterizide: gr.: bacterion = Stäbchen; Mittel zur Bekämpfung von Bakterien;
                        Fungizide: lat.: fungus = Pilz; Mittel zur Bekämpfung von Pilzkrankheiten;
                        Herbizide: lat.: herba = Kraut, Mittel zur Bekämpfung von Unkräutern und Gräsern;
                        Insektizide: lat.: insectur = eingeschmitten; (siehe oben): Mittel zur Bekämpfung von Insekten;
                        Molluskizide: lat.: molluscus = weich; Mittel zur Bekämpfung von Weichtieren (z.B. Schnecken);
                        Nematizide: gr.: nema = Faden; Mittel zur Bekämpfung von Fadenwürmern;

Photolyse   gr.: phos = Licht, lysis = Lösung; Zersetzung chemischer Verbindungen durch Licht.

R

Repellent:	lat.: repellere = zurückstoßen; Abschreckmittel, Vergrämungsmittel, welche Tiere an der Aufnahme damit behandelter Nahrung hindert.
Reduktion	lat.: reducere = zurückführen; Aufnahme von Elektronen durch Atome, Ionen und Moleküle (Umkehrung der → Oxidation).
reversibel	lat.: reversus = umgekehrt; umkehrbar.

T

Tensid	lat.: tensio = Spannung; Mittel, welches die Oberflächenspannung einer Flüssigkeit herabsetzt.
teratogen	griech.: terathos = Zeichen, Wunder, genesthai = werden; Mißbildungen hervorrufend.
trophische	gr.: trophe = Nahrung.

S

Stufe	Gruppe von Organismen, die in einem Ökosystem dieselbe Ernährungsstufe einnehmen, z. B. die Primärproduzenten, Primärkonsumenten, Sekundärkonsumenten etc.

V

Volatilität	lat.: volare = fliegen; Verteilung einer flüchtigen Substanz zwischen der wäßrigen Phase und dem Luftraum darüber. Maß für die Flüchtigkeit der Substanz aus dem wäßrigen Milieu.

X

Xenobiotica	gr.: xenos= fremd, bios = Leben; Fremdstoffe.

Sachregister